U0084710

能夠攝取必要營養的人要比吃得多的人更健康。
同樣的，真正的學者往往不是讀了很多書的，
而是讀了有用的書的人。

——亞里斯提卜

鋅是身體全方位的守護戰士、是我們生活中活力的泉源！
從胎兒、婦女、青少年、中年人、老人家都需要鋅元素！

鋅 不可思議の力量

健康研究中心主編

前言

鋅是人體必需的微量元素，鋅在人體生長發育、免疫功能、等起著極其重要的作用。

鋅存在於眾多的酶系中，如碳酸酐酶、呼吸酶、乳酸脫氫酶、超氧化物歧化酶、鹼性磷酸酶、DNA 和 RNA 聚合酶等中，是核酸、蛋白質、碳水化合物的合成和維生素 A 利用的必需物質。具有促進生長發育，改善味覺的作用。在正常食物難以保證營養的狀態下，世界衛生組織推薦採用鋅鹽（含有鋅元素的食鹽）來補充。

近代科學研究證明，缺鋅會引發各種病症：比如，鋅對生長發育有著促進作用，鋅通過參與酶的形成而促進核酸蛋白質合成，影響細胞的生長和分裂。所以，嚴重缺鋅的兒童就會表現為發育遲緩，營養不良，瘦弱，貧血，頭髮發黃；嚴重缺鋅的孕婦由於染色體變形，會導致流產概率的增加，造成習慣性流產；鋅可以增強創傷組織再生能力，缺鋅就會導致創傷表皮及癒合組織中膠原量減少，創傷不易癒合。因此，鋅可以輔助治療口腔潰瘍、胃潰瘍、燒傷、創傷；鋅是維持腦的正常生長和腦功能發育不可缺少的微量元素，缺鋅會影響腦 DNA、RNA、蛋白質的形成，就會導致小腦發育遲緩，行為偏離，智力落後。另外，缺鋅是導致腦癱（會影響運動、肌肉張力或體態的一種疾病）的最主要原因（通常是在出生前受到損害所致），這一點對孕婦尤其重要。

以上種種表明，鋅元素對人體的重要，應引起各個人群的重視。除了兒童，如老人、女性、成年男性等。專家建議，應適量補鋅以滿足各個人群的多重需求。

總之，人體不可或缺的礦物質，包括：鐵、銅、硒等，對身體的有效量和成為毒的量沒什麼差距，所以在治療上使用時一定要慎重其事。關於這一點，鋅不會過剩積存於體內，所以是一種不必擔心的「無毒礦物質」。

體內的酵素（幫助化學反應的物質）超過三百種以上，但是沒有鋅就無法發揮作用。例如蛋白質或核酸的合成、糖或脂肪的代謝，以及細胞更新時所需要的基因複製的控制等等。

鋅在體內具有八面玲瓏的作用，就好像千手觀音一樣。

根據世界衛生組織（WHO）的統計：「全世界每 3 人就有 1 人缺鋅！」因此，鋅一直以來，都被大部分人所忽略了，這是一個不爭的事實。所以，今後為了大家的健康，重新認識——「鋅」不可思議的力量，是刻不容緩、勢必在行的一件「健康大事」！

最後，筆者要提醒各位：凡事都有個度，過量與盲目的補充鋅，反而是一件只有傻瓜才會幹的事！

目錄

序章

兒童與鋅

鋅是人體必需的微量元素之一，在人體生長發育過程中起著極其重要的作用，常被人們譽為「生命之樹」和「智力之源」，日常生活中含鋅豐富的食物在海鮮、紅肉、乳製品等食物中，每周建議適當攝取兩三次。

公元前一五〇〇年，人們開始用含鋅的礦物治療皮膚病。

一九三四年，科學家發現動物的發育生長離不開鋅。

一九六九年，美國醫生克萊得曼發現服鋅傷口癒合快。

（一）鋅的作用

1. 維持人體正常食欲

缺鋅會導致味覺下降，出現厭食、偏食甚至異食（例如吃泥土）、腸道菌群失衡、影響健康。

2. 增強人體免疫力

鋅元素是免疫器官胸腺發育的營養素，只有鋅量充足，才能有效保證胸腺發育，正常分化 T 淋巴細胞，促進細胞免疫功能。

3. 影響維生素 A 的代謝和正常視覺

鋅在臨床上表現為對眼睛有益，就是因為鋅有促進維生素 A 吸收的作用。維生素 A 的吸收離不開鋅。維生素 A 平時儲存在肝臟中，當人體需要時，將維生素 A 輸送到血液中，這個過程是靠鋅來完成「動員」工作的。

4. 提高抵抗力

為什麼有些人總是不分季節不明原因經常生病？而有些人無論天氣突變、流感來襲，還是像 A 型流感、非典肺炎等疫情爆發之時，甚至是經常接觸肝炎、肺結核等傳染性疾病的人群都依然健康？究其原因，都是自身的免疫力發揮著作用。而最新科學研究表明：缺鋅會造成抵抗力低下，並引發其它各種病症。

印度米努・辛格（Meenu Singh）博士的研究發現：連續補鋅 5 個月以上的兒童很少得感冒。這在國內臨床中也有同樣發現，補鋅能夠提高兒童的免疫功能，縮短患病時間。由於缺鋅的孩子抵抗力低下，疾病就會趁虛而入，天氣越來越寒冷乾燥、氣溫的陡然下降是催化疾病發生的外在因素，抵抗力差才是內因。如果孩子總愛生病，身體經常出些小毛病，這時候，媽媽就要注意了：你的孩子是不是缺鋅。

《傳染病雜誌》曾刊登研究結果稱：無論哪個年齡段的人群，在感冒期間，同時給予補鋅製劑，可以將感冒病程從 7 天減少到 4 天，將咳嗽從 5 天減少到 2 天。世界衛生組織（WHO）的聯合國兒童基金會（unicef）也聯合推薦：補鋅可以縮短兒童腹瀉病程，連續 10—14 天補鋅可以降低兒童後來三個月內的腹瀉發病率。同時，科研發現小兒連續補鋅三個月以上，可以每年減少 4 次患上呼吸道感染的機率。

上述研究成果表明，補鋅，對提高人體抵抗力，使孩子身體健康起著極其關鍵的作用。對於成人和老人來說，通過補鋅來提高免疫力而抵抗疫病同樣具有意義。

（二）鋅和免疫力

1. 要想孩子不生病，提高免疫力是關鍵

孩子挑食厭食，易生病，一旦生病好得特別慢……這些是孩子免疫力差的典型表現。專家提醒：春夏之交是流行性感冒、細菌性腹瀉、腮線炎、帶狀疱疹、肺結核等流行病逞凶的季節，孩子不妨多進補富含鋅的食物，增強身體的免疫力。因

為一直以來，人們習慣認為「鋅」是改善孩子挑食厭食的「大功臣」，其實已有科學研究證明：補鋅可以提高抵抗力，孩子不容易生病！

2. 醫學數據顯示，「鋅」提高免疫力

二〇一一年英國《循證醫學數據庫》（The Cochrane Library），做過「補鋅提高免疫力」的相關實驗。實驗數據得出：在出現感冒症狀的第一天就補鋅，能夠有效抑制病情，減輕症狀；感冒七天以後，與未曾補鋅的患者相比，服用鋅的患者好得更快。由此，證明補鋅能夠緩解嚴重症狀，並縮短病程抵抗人體免疫力。

3. 鋅是促進免疫器官發育的重要因素

鋅是促進免疫器官發育的重要因素。《國外醫學地理分冊》（二〇〇二年六月第二十三卷第二期）曾發表研究結果：缺鋅可導致重要免疫器官胸腺、脾以及淋巴結的萎縮，重量減少 20%—40%。同時，《日本醫學介紹》一九九一年 12月研究指出：缺鋅會使免疫 T 細胞功能下降。醫學研究發現，人體 90%的疾病與免疫力有關。而充足的鋅可提升胸腺、T 淋巴細胞攻擊、殲滅病源微生物等免疫功能，提高免疫力，從而減少孩子感染多種流行性疾病的可能。

4. 對孩子的發育幫助很大

鋅對孩子成長發育的好處特別多：人體內 100 多種酶都含有鋅，它們被融合在蛋白質、核酸、細胞膜等重要機體組織中。下面例舉鋅的兩個重要作用：

(1) 智力方面，人體大腦中的海馬體，其重量約占整個人腦重量的 1/80 左右，而其中鋅含量為大腦總含鋅量的 1/6。海馬體是人類高級神經活動的核團，是學習語言、接受和存儲信息的邏輯部件。因此，充足的鋅對大腦起到關鍵作用。

(2) 生長方面，鋅參與生長介素的合成而對生長激素起作用；加快細胞的分裂速度，使細胞的新陳代謝保持在較高水平上，從而加速幼兒及青少年生長發育。微量元素鋅又有「兒童生長素」之稱。

5. 孩子缺鋅通常會出現六種情況

〔高危險人群一〕：懷孕期間鋅攝取量不足的孩子。孕期對鋅的需求量約為 100 毫克，其中大概 50％被胎兒吸收，而胎兒對鋅的需求在孕晚期達到峰值，如果準媽媽的一日三餐中缺乏含鋅食品，勢必會影響胎兒對鋅的利用，使體內貯備的鋅過早被吸收，孩子出生後就易出現缺鋅症狀。

〔高危險人群二〕：發生早產的孩子。早產將導致孩子失去在媽媽體內貯備鋅元素的黃金時間，造成先天性鋅不足。

〔高危險人群三〕：非母乳餵養的孩子。母乳含鋅量極豐富，可達正常人血鋅濃度的 6～7 倍，這個數值更是遠遠超過了營養價值極高的牛奶，更重要的是其吸收率高未 42%，這是任何非母乳食品都不能企及的。因此，如果您的孩子是非母乳餵養，就更應該注意是否缺鋅了！

〔高危險人群四〕：偏食多動的孩子。愛動是孩子的天性，特別是在炎熱的夏季因愛動每天隨汗液排出的鋅丟失量可達 2～3 毫克，如果恰恰你的孩子又存在挑食偏食的情況，那難免要中招了。

〔高危險人群五〕：體弱多病的孩子。體弱多病的孩子往往食欲減退，動物性蛋白質攝入較少，導致食物中含鋅量不足；有些孩子因生病長時間依賴單純性靜脈輸液也易出現鋅攝入量不足。

〔高危險人群六〕：另外還有一些個別的孩子，如消化吸收功能不好，容易腹瀉的孩子也容易缺鋅。

6. 補鋅必須注意事項

另外，缺鋅不僅危害兒童健康：孩子缺鋅免疫力差，胃口差，發育生長得慢，智力低下，缺鋅對孕婦和老年人的危害也不容小覷。

孕婦擔負著兩個人的營養需求，更易缺鋅，孕婦缺鋅對自身和胎兒都不利。對胎兒，缺鋅主要影響其在子宮內的生長，會波及到大腦、心臟、胰腺、甲狀腺等重要器官，導致胎兒發育不良。對孕婦自身來說，一方面會降低自身免疫力，很容易生病，尤其懷孕期間孕婦不宜服藥；另一方面造成孕婦味覺退化、食欲大減、妊娠反應加重，又勢必影響胎兒發育所需營養。因此必須在圍產期及時補給鋅及有關微量元素，否則孕婦缺鋅會導致胎兒先天缺鋅，引起各種誘發疾病，即使生後補鋅也無濟於事。

父母長輩一旦上了年紀，身體各功能會逐漸走下坡路，和孩子一樣，免疫系統又重新變得岌岌可危，一方面，鋅可以向免疫系統提供養分，維持免疫系統功能，使免疫力能夠保持在良好的狀態；另一方面，如果大腦中海馬體中鋅含量不足，老年時期出現記憶力減退、四肢活動障礙、思維功能異常，甚至會出現早發型老年痴呆症。充足的鋅能夠強健老年人的免疫系統的同時，又能營養他們的中樞神經系統，讓他們真正的身心健康，少受病痛纏身之苦。

同時補鋅不能盲目進行——

如何才能做到正確補鋅呢？專家提示，鋅的補充有其特殊性，補鋅不可同時補鈣、銅、鐵等元素，正確的方法是，先補鋅後補鈣，要間隔 120 分鐘以上。

（三）鋅有助防癌

人體內具有免疫功能的 T 細胞在胸腺中分化發育，當人體一旦產生癌細胞，T 細胞立即發起進攻，殺傷甚至消滅它。40 歲以後，人體胸腺開始萎縮，免疫功能也逐漸下降。老年人缺鋅時會導致胸腺萎縮，免疫功能就會進一步下降，誘發癌症。

研究表明鋅能刺激胸腺增肥，促使胸腺激素分泌，使 T 細胞增加。近日來，醫學界曾對 41 名老人用醫用硫酸鋅，服用一個月，結果所有老年人免疫功能的各項指標均有顯著提高。

研究還證明，老年人多吃含鋅豐富的食品，能夠提高肌體功能和抗癌能力。含鋅量較多的食物有魚類、瘦肉、肝類、海產品、豆製品類、粗糧等。

（四）現代人缺鋅原因

鋅需求量高但攝入不足。嬰幼兒、兒童和青少年，生長發育速度較快，對鋅營養的需求量很高，但往往飲食搭配不合理，造成鋅攝入量不足。

以植物性食物為主，動物性食物攝入不足。鋅主要存在於動物性食品中，有些家庭多以植物性食物為主，而且植物性食品中的草酸、植酸、纖維素等嚴重干擾鋅的吸收。

經常吃精細加工的食品，導致鋅損失過多。

吸收不良。鋅食入後在小腸內吸收，嬰幼兒最易腹瀉，腹瀉造成鋅在腸內吸收減少，故經常腹瀉的小兒易缺鋅。因腸套疊等做過小腸切除術的小兒更易缺鋅。食物中穀類含植酸鹽及較多纖維素妨礙鋅吸收。牛乳餵養的小兒則因牛乳中的鋅不及母乳易吸收，因此比母乳餵養者缺鋅。小兒缺鋅可以多吃含鋅食物來補充，在日常生活中更要多食含鋅的食物如魷魚、蛋類、瘦肉等。

（五）鋅的作用

正值季節交替，天氣忽冷忽熱，非常容易誘發感冒。醫生提醒：感冒多是病毒感染，吃藥並不能真的治好感冒。藥物的作用只是症狀的抑制，使人感到舒服而已。大家不妨試試補點鋅。最新研究發現，補鋅能夠緩解感冒的嚴重症狀，並縮短病程。特別是兒童要在這個季節及時補鋅預防感冒。

1. 鋅能緩解感冒症狀

這項研究報告發表在醫學期刊《循證醫學數據庫》上，研究人員分析了涉及 1360 人的 15 項實驗得出的數據，以此得出推斷：在感冒初期就補鋅，能夠一定程度抑制病情，減輕感冒症狀；感冒七天後，與沒有補鋅的患者相比，補鋅的患者感冒好得更快。

2. 鋅能縮短感冒病程

《傳染病雜誌》也曾刊登研究結果稱：無論哪個年齡段的人群，在感冒期間，服用補鋅制劑，都可以將感冒病程從 7 天減少到 4 天，將咳嗽從 5 天減少到 2 天。

3. 90%疾病與免疫力有關

醫學研究發現，人體 90%的疾病與免疫力有關。經常感冒是免疫力低下的表現。鋅對感冒的幫助也取決於鋅與免疫力的關係。

《國外醫學地理分冊》曾發表研究結果：缺鋅會導致人體重要免疫器官比如胸腺、脾以及淋巴結的萎縮，它們的重量會減少 20%—40%。同時，《日本醫學介紹》研究指出：缺鋅會使免疫 T 細胞功能下降。（缺鋅可抑制 T 細胞的增殖和分化從而引起 T 細胞功能損害。）

這就是為什麼鋅對感冒有明顯作用，鋅是促進免疫器官發育的重要因素。抵抗力好了，感冒這樣的小病不僅好的快，更能避免其他疾病的發生。小小元素鋅，健康作用大。

4. 鋅增加免疫力

當前 WHO 已確認的 14 種人體必須的微量元素中，鋅排在第一位。鋅有 50%存在於肌肉中，20%存在於骨骼內，此外，皮膚、指甲、頭髮中也含有 20%，其餘鋅存在於肝、腎、腦、肺及心臟組織中，因此及時補鋅與人體的生長發育、新陳代謝有著密不可分的關係，是人體不可或缺的微量元素。

5. 提高食欲

孩子處在生長發育高峰期，對於鋅的需求量較大，如果膳食無法滿足需求又未額外補充，小小的身體供不應求，極易出現鋅缺乏。

超高的低鋅率是無形的殺手，為孩子的健康埋下多種隱患。如果長時間鋅缺乏，輕則會使孩子食欲減退，身高增長慢、智力差、學習能力低，重則將影響免疫功能，易患各種疾病，造成不可逆轉的後果。適時補鋅，不容忽視。

在炎熱的夏季，媽媽們更應多關注孩子的精神狀態、生長發育、起居生活等方面的情況，如果發現孩子出現厭食、慢性腹瀉、口腔和皮膚易感染，或生長發育不良等情況，一定要高度重視，您的孩子很有可能是缺鋅了。重視補鋅，能夠幫助孩子提高免疫力，避免各種疾病。

（六）增加兒童免疫力

天氣變化，氣溫驟變是催化疾病發生的外在因素，抵抗力差才是內因。如果孩子總愛生病，身體經常出些小毛病，這時候，媽媽們就要注意了：你的孩子是不是缺鋅了，需不需要進行補鋅。

隨著天氣逐漸變得炎熱，兒童鋅缺乏症的高發季節已悄然到來。夏季孩子出汗多、食欲差，都會造成體內鋅的流失多、攝入少，因此，媽媽們要注意夏季更應該給孩子及時補鋅。

很多媽媽為了圖方便，會購買鈣、鋅同補製劑，如果需要補充其他元素，時間最好錯開，間隔 2 小時以上；或者選擇白天補鋅，晚上補鈣。此外，鋅製劑應避免與含鈣量高的食物如牛奶、優酪乳等同時服用，因為食物中大量的鈣同樣會影響人體對鋅的吸收，這樣就達不到補鋅的效果。

如今，市場上的鋅製劑花樣繁多，媽媽選擇什麼樣的鋅製劑才更科學、更安全呢？

孩子是媽媽手心裡的寶，成長的每一步都牽動著全家人的心，媽媽一定要高度重視，要根據季節的變化、成長的變化科學育兒，為孩子健康成長提供更加有力、堅實的保障！

1. 小小身體需要多少「鋅」

在給孩子補鋅的時候，媽媽們一定不要走入「越多越好」的誤區，如果補充過量，不但對孩子的生長發育起不到正面作用，反而會因為鋅過量抑制機體對鐵和銅的吸收，造成缺鐵性貧血。

補充多少其實是有標準的：6 個月以下 3 毫克／日，6～12 個月 5 毫克／日，1～13 歲 10 毫克／日，13 籍以上 15 毫克／日。媽媽一定要記住哦！

2. 鈣鋅同補是否真「方便」

很多媽媽為了圖方便，會購買鈣、鋅同補製劑，其實，鈣和鋅的吸收原理相似，同時補充兩者容易產生「競爭」，相互爭奪載體蛋白，互相牽制。同時，鈣在體內的含量遠多於鋅，也比鋅活潑，同時補充會影響鋅的吸收。因此，這兩種微量元素最好分開補。如果需要同時補鋅和補鈣，時間最好錯開，間隔 2 小時以上；或者選擇白天補鋅，晚上補鈣。

3. 如何選擇鋅製劑

如今，市場上的鋅製劑也是花樣繁多，到底要選擇什麼樣的鋅製劑才更科學、更安全呢？

鋅依照其萃取來源，可根據它的安全性以及吸收利用率。大致分為以下幾種型態：

- 整合鋅：最容易吸收，能攝取高含量的鋅，同時不會造成身體的負擔。
- 葡萄糖酸鋅：目前市面上最多的產品，它是屬於有機鋅的一種。
- 硫酸鋅：最早的補鋅形式，屬於無機酸。

總之，目前市面鋅製品，可謂是繁花似錦，各色各樣。選購時，可聽聽醫生或使用者的見證推薦，以免花了冤枉錢！

（七）你身體內的鋅夠嗎？

1. 缺鋅自測

鋅的主要生理功能就是促進生長發育，被譽為「生命之樹」。缺鋅會給兒童帶來一系列的身體不適，此刻就來自我檢測一下，看看您的孩子是否缺鋅。以下 10 種表現，只要您的孩子符合三種，就可視為缺鋅。

(1) 食欲減退：挑食、厭食、拒食、普遍食量減少，孩子沒有飢餓感，不主動進食。

(2) 亂吃奇奇怪怪的東西。比如：咬指甲、衣物、啃玩具、硬物、吃頭髮、紙屑、生米、牆灰、泥土、沙石等。

(3) 生長發育緩慢，身高比同齡組的低 3—6 公分，體重輕 2—3 公斤。

(4) 免疫力低下，經常感冒發燒，反復呼吸道感染如：扁桃體炎、支氣管炎、肺炎、出虛汗、睡覺盜汗等。

(5) 指甲出現白斑，手指長倒刺（指甲插到肉）。

(6) 過動、反應慢、注意力不集中、學習能力差。

(7) 視力問題：視力下降，容易導致夜視困難、近視、遠視、散光等。

(8) 出現外傷時，傷口不容易癒合；易患皮膚炎、頑固性的濕疹等。

2 過量危害

鋅是體內必須的微量元素，含量小，功效大，但也並非是多多益善，必須處於一個科學的平衡點。在第三代的生物補鋅製劑出現以前，人們一般是通過服用第一代的無機鋅和第二代的有機鋅來達到補鋅的目的，所以經常出現鋅過量的情況，現將鋅攝入過量對人體的危害介紹如下：

(1) 鋅是參與免疫功能的一種重要元素，但是大量的鋅能抑制吞噬細胞的活性和殺菌力，從而降低人體的免疫功能，使抗病能力減弱，而對疾病易感性增加。

(2) 人體內的鋅／銅比值有一個正常範圍。由於大量補鋅導致鋅／銅比值增大，從而使體內膽固醇代謝紊亂，產生高膽固醇血症，繼而引起高血壓及冠心病。

(3) 過量的鋅能抑制鐵的作用，致使鐵參與造血機制發生障礙，從而使人體發生頑固性缺鐵性貧血，並且在體內高鋅情況下，即使服用鐵製劑，也很難使貧血治癒。所以，孩子服用無機鋅和有機鋅來補鋅必須定期化驗血鋅及發鋅。

(4) 長期大劑量鋅攝入可誘發人體的銅缺乏，從而引起心肌細胞氧化代謝紊亂、單純性骨質疏鬆、腦組織萎縮、低色素小細胞性貧血等一系列生理功能障礙。

(5) 聯合國環境規劃署將硫酸鋅列為「潛在有毒化學品」。長期口服硫酸鋅可引起噁心、嘔吐、上腹部不適等消化道反應，重者可致胃潰瘍、出血、甚至穿孔。這是因為胃中的鹽酸與硫酸鋅反應，生成了具有強烈腐蝕作用的氯化鋅。孩子長期服用硫酸鋅引起的輕度消化道反應更是多見。

(6) 大劑量攝入鋅製劑可引起鋅中毒。硫酸鋅對人的最小致死量為 50 毫克／公斤體重。有人一次攝入 80～100 毫克即可中毒，兒童更為敏感。當測定尿鋅含量為 1000 微克／1000cc 以上時，說明人體已處於鋅中毒狀態。

3. 含鋅食物

瘦牛肉、豬肉、羊肉、雞心、魚、牡蠣、蛋黃、脫脂奶粉、小麥胚芽、芝麻、核桃、豆類、花生、小米、蘿蔔。

鋅元素主要存在於海產品、動物內臟中，其它食物裡含鋅量很少。水、主食類食物以及孩子們愛吃的蛋類裡幾乎都沒有鋅，含有鋅的蔬菜和水果也不是很多。

瘦肉、魚類、蛋黃等含鋅。據化驗，動物性食品含鋅量普遍較多，每一百克動物性食品中大約含鋅 3—5 毫克，並且動物性蛋白質分解後所產生的氨基酸還能促進鋅的吸收。植物性食品中鋅較少。每一百克植物性食品中大約含鋅 1 毫克。各種植物性食物中含鋅量比較高的有豆類、花生、小米、蘿蔔。

4. 過量影響

缺鋅不嚴重時，藥補不如食補。應多吃動物肝臟、瘦肉、蛋黃和魚類等富含鋅的食物。

如今，「補鋅」已成為人們繼補鈣之後，關注的又一熱點話題。不論是發育期的兒童、懷孕的媽媽、忙碌的白領，還是體質大不如從前的老人，似乎都在想著法子「補鋅」。於是，市場上各式各樣的補鋅藥品和保健品也開始不斷翻新。

然而，營養專家在接受記者採訪時所表示出的態度，卻與老百姓的補鋅熱情截然相反。醫生說：「真正缺鋅的人很少，大多數人都不需要額外補充。」兒童過量補鋅不但起不到促進孩子生長的作用，反而會引起中毒，可能影響生長發育。

其實，只要正常飲食（菜色均勻），就不會缺鋅。

儘管缺鋅能導致嬰幼兒厭食、生長緩慢，成年人身體抵抗力下降、皮膚傷口癒合慢等問題，但鋅作為一種微量元素，每天的需求量並不大。

據介紹，0—6 個月的嬰兒每天只需要 1.5 毫克鋅，7—12 個月的嬰兒為 8 毫克，之後隨年齡增長，對鋅的需求量緩慢遞增，到 14—18 歲時增至最高量 19 毫克。一旦過了 18 歲，人體對鋅的需求量就會逐漸下降，每天只需要攝入 11.5 毫克就夠了。

鋅在很多食物中都存在，只要正常飲食，就不會缺鋅。「只有長期嚴重偏食、素食、營養不良的人才有可能缺鋅。」

對於不缺鋅的人來說，額外補充有可能造成體內鋅過量，從而引發代謝紊亂，甚至對大腦造成損害。據李惠明教授介紹，服用鋅過量會導致人出現嘔吐、頭痛、腹瀉、抽搐等症狀，並可能損傷大腦神經元，導致記憶力下降。

此外，體內鋅含量過高，可能會抑制機體對鐵和銅的吸收，並引起缺鐵性貧血。「尤其需要注意的是，過量的鋅很難被排出體外。」

那麼，如何才能確認自己是否缺鋅呢？社會上一些關於兒童頭髮黃、有多動症傾向；成年人老睡不好、記不住往事就是缺鋅的說法，其實都很片面。要明確是否缺鋅，最明智的做法是到醫院做個血鋅化驗，聽從醫生的診斷。

專家強調，缺鋅不嚴重時，藥補不如食補。最好的方法是多吃富含鋅的食物。如果要服用補鋅產品，則要注意兩方面：一是不能與牛奶同服；二提不能空腹服用，應該在飯後吃。

5. 鋅缺乏病

營養性鋅缺乏病又稱鋅缺乏症，是由於攝入不足，需要量增加，膳食鋅生物利用率低所致。鋅是人體六大酶類、200 種金屬酶的組成成份或輔酶，對全身代謝起廣泛作用。鋅主要含於肉類與穀物中。缺鋅時，以食欲減退、生長遲緩為突出表現，多發生於 6 歲以下的兒童。

缺鋅兒童常常表現為：胃口不好，吃飯不香；頭髮稀疏，色無光澤；容易貧血；抵抗力差；傷口不易長好；喜歡咬指甲、啃手指，甚至出現吃泥土、沙子等異食癖症狀。

如孩子平時挑食、偏食或厭食，又出現上述情況，應去醫院檢查，測一測體內鋅的水平。常用的檢測方法有測頭髮和抽血兩種。

一旦醫生確診孩子缺鋅，可以採用含鋅製劑治療。平時應更多地注意飲食調理。含鋅最多的食物是牡蠣等海產品，其他如瘦肉、豬肝、魚、雞蛋、毛豆、菠菜、蓬蒿菜、馬蘭頭、大蒜等都含有較多的鋅。花生、核桃等硬果中也含鋅，可作為零食給孩子適當食用。

第 1 章

再這樣下去
我們的將來很危險！

一、年輕男性的性功能障礙不斷增加

（一）精子數減少為一半以下

現在是連男性也可以打扮得漂漂亮亮的時代了。看到滿街都是留長髮、戴耳環的人，常常讓人分辨不出對方到底是男的還是女的。以前濃毛乃是男性的象徵，甚至嚮往有著濃密的胸毛，而最近毛比較濃卻會被視為邋遢，被女性討厭，甚至有些男性到美容沙龍要求脫毛。現在雄偉的男性似乎已經逐漸銷聲匿跡了。

男性的女性化傾向，不僅表現在外表上，在肉體上也是如此。最近年輕男性的精子量變少了，這的確是相當駭人聽聞的調查報告。美國曾以提供精子者為對象，進行大規模的調查，發現過去五十年來，男性精液中的精子濃度減少了一半。

以運動鍛鍊身體的他們，看起來肌肉壯碩，在現在的年輕人當中是屬於較雄偉的男子，但是精子數卻如此的少。在我們年輕的時候，儘管是身處於戰後食物匱乏的時代，精子數卻能輕易地就超過了以「億」計之的量。

最近的男人愈來愈衰弱了，我想原因可能在就於此吧——我不得不這麼認為。

（二）給予精子元氣的礦物質

最近男性精子數減少的原因，有人說是戴奧辛等環境荷爾蒙造成的。原因眾說紛紜，但是並沒有定論，而有力的原因之一，就是缺乏鋅。一九六三年，美國 A·S·普拉沙德博士等人偶然發現，埃及和伊朗男性的「侏儒症」是因為缺乏鋅所造成的。而缺乏鋅的典型症狀之一，就是性器發育不全。而另外一項研究則認為——缺乏鋅時，精巢（睪丸）的精曲小管就會萎縮，而無法製造出精子。

以前鋅被視為「性礦物質」，尤其與男性的生殖器官有密切的關係，精液中即含有高濃度的鋅。根據最近日本的研究，精液中的鋅，濃度與鈣和鎂相匹敵（24±90 微克／毫升），而且含量遠比鐵、銅、硒（0.1～0.6 微克／毫升）更多。

根據美國的研究，當精液中的鋅濃度減少時，精子數就會減少，同時精子的運動量也會減弱。相反的，當鋅濃度提高時，精子數就會增加，運動量也會增強。

另一方面，根據日本的研究，精液中的鋅濃度與精子濃度、運動性、畸形性無關。但是這類的研究報告是以夫婦一起到不孕門診就診的男性為研究對象，所以我想在調查對象方面本身就有一些問題存在。

鋅不僅存在於精液當中，也大量存在於製造精子的工廠精巢中。缺乏鋅的老鼠，其精巢重量會減少，而且會停止精子的形成，所以鋅也是製造精子不可或缺的營養素。事實上，鋅是人類最容易缺乏的營養素之一，這也和精子的減少有關。

根據某項實驗顯示，只要缺乏一點點的鋅，精子數就會減少，如果飲食上持續好幾個月缺乏鋅，精子數更是會減少到無法讓女性懷孕的地步。

此外，這一類的男性如果持續服用鋅製劑兩、三個月，精子數就能恢復為正常值。也就是說，精子數會受到鋅的攝取量的影響。有一名因為扁桃腺癌而接受放射線治療的七十歲男性，因為味覺異常而來到我的門診，於是用鋅治療味覺。味覺治好了，而同時這名男性的性功能也恢復了，晚上要求的次數比以前多很多。沒想到鋅居然具有這種效果，令他的夫人感到很是驚訝。

（三）是不生、還是不能生

對女性而言，當然也會關心鋅缺乏的問題。因為與性功能有密切關係的促卵泡激素或促黃體生成素，藉著鋅的存在即能增強其作用。卵子中也含有大量的鋅，缺乏鋅就可能造成不孕。最近女性的生活形態以及飲食生活的變化，加上由於受到減肥旋風的影響，因此對鋅的攝取量也跟著減少了。

人的生命是由一個卵子和一個精子相遇結合（受精）而開始的。有元氣的卵子要遇到能夠通過各種殘酷的考驗的強壯精子才能順利受精。但是，在這個男女缺乏鋅的時代，女性卵巢功能大都不良、生理不順，而男性則是無法製造出有元氣的精子。現代人都生得很少，可說是不願意生很多小孩的時代。

但是由於有元氣的精子減少，女性卵子中的鋅也不斷減少，所以現在的年輕人可能已經變成就算想生孩子也無法生了。這乃是關係到國家存亡的危機，這種說法一點也不誇張。我認為今天年輕人缺乏鋅的問題，將可能會導致國家整個滅亡。

二、正常的懷孕、生產

（一）孕婦容易缺乏鋅

懷孕異常或胎兒異常，大都與缺乏鋅有關，而能夠證明這一點的，就是歐洲各國出生率全都降低的這個事實。

這個時期，由於來自美國大陸的小麥進口量增加，以及精製機的發達，鋅含量較少的麵包相當的普及，同時鋅含量較少的馬鈴薯食卻增加了。因此推測，缺乏鋅可能導致生產率的降低。而且當時眾人的平均身高並沒有增加，分析骨之後，發現鋅的含量比正常量更低。鋅是在讓細胞分裂、成長的生命基本部分相當活躍的微量元素。懷孕的女性，體內受精的卵子不斷進行細胞分裂，要使用大量的鋅，所以孕婦的身體容易缺乏鋅。而且孕婦隨著懷孕週數增多時，鋅會異常減少。因此懷孕時需要攝取比平常更大量的鋅。孕婦一旦缺乏鋅，就會對肚子裡面的胎兒造成影響。

根據最近的研究，一旦懷孕時，大概到了第十四週，血液中的鋅就會開始減少。尤其鋅攝取較少的孕婦，很明顯的，胎兒畸形或妊娠併發症都會增加，缺乏鋅的孕婦生下低體重兒的機率更是多達八倍。此外，以超過 2100 例的孕婦為對象進行研究，發現服用鋅能抑制早產，分娩時的死亡率也明顯減少。從懷孕 22 週前就開始補充鋅的孕婦，與沒有補充鋅的孕婦相比，自然流產的情形亦較少。

（二）母乳中含有高濃度的鋅

在蛋白質的合成或細胞分裂，以及核酸（DNA、RNA）的生成方面，亦即維持生命成長不可或缺的酵素的活性中心相當活躍的鋅，對嬰兒而言也是不可或缺的營養素之一。

嬰兒成長所需要的營養素，全都藉著乳汁來攝取。母乳中含有高濃度的鋅，尤其是初乳，一公升當中含有 3～11 毫克的鋅，含量為市售奶粉的 2～10 倍。

近年來的「奶粉世代」出現了鋅缺乏症。因此日本從一九八三年開始，允許在奶粉中增添鋅。此外，也必須考慮到母乳中鋅含量減少的問題。

母乳，尤其是初乳，含有很多嬰兒必不可或缺的免疫抗體，而母乳中所含的鋅在這方面更是具有很大的作用。最近孩子容易罹患過敏症，容易罹患感染症，就是因為沒有用母乳哺育，或是母乳本身所含的鋅減少的緣故。

（三）鋅和使女性美麗的荷爾蒙的關係

人體如果缺乏鋅，則男性的精子、精液會減少，男性荷爾蒙（睪丸素）的功能不良，而最近又發現鋅和甲狀腺素也有著很密切的關係。甲狀腺是位於頸部前面下方的柔軟臟器。女性的甲狀腺比男性的大，在青春期、懷孕期、授乳期以及月經之前都會增大。

甲狀腺由於受到來自下垂體前葉分泌的促甲狀腺激素的刺激，會製造出含有微量元素之一的碘的兩種甲狀腺素。而這個甲狀腺素在肝臟與蛋白質結合，循環於血液之後，會藉著女性荷爾蒙的作用而增加，但會因男性荷爾蒙的作用而減少。

人所有的細胞或多或少都需要甲狀腺素，因此擁有能夠接受甲狀腺素的接收體。而與這個接收體結合的甲狀腺素，能夠提高細胞的能量，同時使 RNA 功能順暢，並能促進蛋白質的合成。另外，甲狀腺素還能刺激交感神經，使呼吸和心臟跳動增加，提高身體的代謝，增加氧的消耗量。也就是說，甲狀腺素與女性荷爾蒙共同創造出了年輕女性的美麗。

甲狀腺素與生長激素有著相當密切的關係，不但會提高從胎兒期到幼兒期的蛋白質合成，還有助於身體與精神的發育。而要將具有這些作用的甲狀腺素吸收到細胞內，就必須仰賴鋅的大力幫忙。也就是說，細胞的甲狀腺素接收體的形成，必須要靠鋅的力量。

缺乏鋅，細胞就無法接受甲狀腺素的作用，如此一來，就會引起代謝異常。

甲狀腺功能不良而引起的慢性甲狀腺炎，中年女性當中，十人中即有一人，是相當常見的一種疾病。它會出現甲狀腺變硬、腫脹，臉浮腫，聲音嘶啞，容易掉髮，皮膚乾燥、畏寒等症狀。

製造甲狀腺素時，還需要與鋅同樣是微量元素的硒。

三、現代孩子的未來令人擔心

（一）看起來像十歲的二十歲青年

缺乏鋅時，由於無法合成蛋白質，所以身體的發育成長就會受到抑制。

人的一生是從一個小小的受精卵開始的。只是一個細胞反覆分裂，就變成人的形狀。在母親肚子裡面形成心臟等各種器官，生下來之後，持續生長到成為成熟的大人為止。在這段期間內，如果一直持續著缺乏鋅的狀態，細胞分裂無法順暢進行，就會延遲發育的速度。

一九六三年，確認了因為缺乏鋅而導致延遲發育的患者。美國學者 A・S・普拉沙德，發現了罹患重度鋅缺乏症、看起來好像只有十歲大的男孩。事實上這名患者已經二十歲了，可身材矮小，性器官也很小，而且沒有長鬍鬚和陰毛。此外，還有貧血、皮膚炎、味覺、嗅覺異常、性腺機能減退症等。其中貧血的問題因投與鐵劑而治好了，但其他症狀卻還是治不好。經過種種調查後發現是鋅攝取不足。在投與鋅後，這名青年就立刻痊癒了。藉此大家應可了解到人的成長和鋅的關係。

後來在埃及也發現同樣症狀的患者，投與鋅之後，身高、體重即顯著恢復，也出現陰毛，短期間內就出現了副性徵。這名患者一直以用麵粉製造出來、含有較多肌醇六磷酸的麵包為主食，幾乎不攝取含有較多鋅的動物性蛋白，因為平常飲食生活中缺乏鋅而延遲了發育。

（二）偏食是大敵

現在是飽食時代，輕易的就能吃到所有的食物。但是另一方面，卻由於飲食的偏差而變得很難攝取到足夠的鋅。

日本有位就讀大學的女學生。她在三個月後就要出國留學，可卻突然食不知味。調查後，發現的確是血液中鋅的數值降低了。詢問她每天的飲食情況，結果發現她習慣不吃早餐就去上學，中午則到便利商店買個御飯糰吃。晚餐又因為擔任家教忙得沒有時間，因此只好在速食店解決。這樣的飲食無法攝取到足夠的鋅，而且由於現在的食品添加物，反而使體內的鋅被排出了。

還好味覺異常的現象才剛出現，服用鋅之後，在留學之前味覺就完全恢復了。

忙著上補習班學才藝或補習的孩子也不例外。放學之後的小學生、中學生，經常到速食店去買漢堡吃或其他零嘴，就這樣解決了晚餐。

鋅在可以整條吃的小魚或牡蠣等貝類，以及芝麻、綠茶葉、香菇、牛肉中含量較為豐富。而清涼飲料或簡便食品、泡麵中，幾乎都不含有鋅。

（三）孩子缺乏鋅已經變成全球性的問題

食物中所含的鋅量，與同樣是微量元素的鐵大致相同。不過調查尿和汗，則發現鋅比較多。也就是說，與鐵相比，鋅在汗中為鐵的 10～100 倍，在尿中為 5～10 倍，在在顯示出攝取的鋅很容易就會流失。

而加速鋅容易流失的性質，就是清涼飲料和加工食品中所含的食品添加物「多磷酸」或「肌醇六磷酸」。多磷酸會從體內奪走鋅，將其排出體外。而如果肌醇六磷酸和鈣或食物纖維較多的食物一併攝取，則會抑制食物中鋅的吸收。

現在的孩子在容易缺乏鋅的環境中生活（因為速食業的發達，產生了生活的便利）。開發中國家的孩子身高較矮以及慢性的下痢症，只要投與鋅就能治好的報告有很多，但是和先進國家孩子一樣的，都出現了可能缺乏鋅的問題。

事實上，在美國很多孩子其毛髮中鋅的濃度較低。這些孩子食慾不振、味覺不佳、身高較矮。然而服用鋅之後，這些症狀就全消失了，身高也會持續長高。所以看起來健康的孩子當中，有很多可能輕度出現對於成長會造成影響的鋅缺乏症。

第 2 章

失去味覺……
您沒問題吧？

一、味覺遲鈍的人增加了

（一）每年有十四萬人會罹患的「國民病」

「不管吃什麼都好像在嚼沙子一樣，索然無味！」、「最近覺得妻子所做的菜口味太淡了，但是孩子卻說：『爸爸，你的舌頭是不是有問題啊！』」或是相反的，「我覺得味道剛剛好，但家人卻說味道太重了！」——有這些味覺煩惱的人增加了。這就是一般所說的「味覺異常」，這些人無法正確感受到食物的味道，缺乏食慾，或是出現偏食傾向。

味覺異常是長久以來就有的症狀，可能是胃腸疾病或其他慢性疾病的副症狀。如果原因仍不明，就要去看一下精神科。

到底全國有多少人出現味覺異常的毛病呢？以日本耳鼻喉科學會的一分科會口腔・咽喉科學會的會員醫師為對象，進行問卷調查，發現全國一年大約有兩萬人因為味覺異常而去看耳鼻喉科。患者有六成都不知道應該由耳鼻喉科來進行味覺異常的診斷及治療，很多人最初是去看內科、牙科或口腔外科，然後經由醫師介紹才轉診耳鼻喉科。也就是說，沒有察覺到自己味覺異常的人其實還滿多的。

事實上，還有更多潛在的味覺異常患者，其發生數估計一年大約為十四萬人。

也就是說，每年有十四萬人可能會出現味覺異常。發生心肌梗塞的患者數一年大約為五萬人，由此可知味覺異常的患者數多得多。因此味覺異常應該與其他成人病同樣的，並列為「國民病」之一才對。

（二）年輕人急速增加的味覺異常

味覺異常患者，以年齡別來看，以五十～六十歲最多，到了高齡之後還會直線增加。也就是說，味覺異常可以算是一種典型的成人病型。高齡化社會急速到來，老人增加，即為近年味覺異常急增的原因之一。

我們的身體具備了接收來自於外界各種情報的感覺器官。

以前稱為五感的視覺、聽覺、嗅覺、味覺、觸覺，再加上平衡感覺、溫度感覺、痛覺等，都是感覺器官。幾乎所有的感覺都有個人差異，會隨著年齡的增長而衰退。因此隨著年齡的增長而發生的味覺衰退，也是一種自然老化的現象。

但味覺與其他感覺相比，是比較不容易老化的感覺。調查二十歲和七十歲的人味覺的感覺，發現像鹹味、酸味及苦味，七十歲的人的確衰退了，可是在甜味方面幾乎沒有什麼差距。也就是說，即使年齡上差了五十歲，可是只要健康，味道並不會衰退到對日常生活造成妨礙的地步。而味覺異常增加的原因，並不僅僅是因為年齡增長而造成的。

最近的傾向則是，十幾、二十歲的年輕人在味覺異常方面已有增加的趨勢，尤其以年輕女性較多見。最近以女性大學生為對象，進行調查、檢查，發現 44％出現了味覺異常或是有味覺異常的可能性。將近半數的年輕女性出現味覺異常的可能性。也就是說，即使現在掀起美食旋風，到有名的餐廳吃美味的食物，可是實際上可能根本感覺不出美味。而且最麻煩的就是，並沒有察覺到自己味覺異常。

如果是視力衰退，看東西看不清楚，就知道要戴眼鏡了。但如果是味覺衰退，卻很容易被忽略，尤其是過單身生活的人，很難與他人比較。持續不和別人交談的「孤食」，使得自己沒有機會察覺到自己的感覺和別人不一樣。

所以在不知不覺中逐漸失去味覺，等到發現時，有些人的症狀已經十分惡化了。

事實上，因為味覺異常而到我這裡來的人，以四十～五十幾歲的女性輕症者較多，都是因為家人說：「媽媽最近煮出來的菜味道有點奇怪哦！」當事人才半信半疑的前來就診。此外，獨自用餐的老人，或是單身在外工作的男性等，由於察覺味覺異常比較遲，所以大多已是重症的患者。

二、味覺的構造

（一）感覺味道的器官——味蕾

我們人類主要是經由舌頭感覺各種的味道。更正確的說法是，經由舌以及分布於上顎（軟顎）的「味蕾」器官來感覺味道。味蕾是由幾十個味細胞構成的，用顯微鏡觀察，發現有如花蕾般的形狀，因此命名為味蕾。

張開嘴巴，伸出舌頭，會發現舌表面有白色的突起物覆蓋。這就是絲狀乳頭，仔細的看，裡面有顆粒的紅色部分，尤其在舌尖聚集了很多，這就是茸狀乳頭，味蕾就在這裡。茸狀乳頭的數目每個人都不同，大約為 400 個。每個茸狀乳頭平均含有四個味蕾。也就是說，舌的前方總計有 1600 個味蕾。再看舌的深處，會看到十個排列成倒 V 字形的大的突起，這就是有廓乳頭，這裡也有味蕾分布。一個有廓乳頭中味蕾的數目為茸狀乳頭的 50 倍，所以總計為 2200 個左右。

在舌兩側的根部紅色隆起的部分，稱為葉狀乳頭，裡面有 1300 個味蕾，而上顎深處的懸雍垂，也就是喉結上方的部分，大約分布了 400 個味蕾。

我們都認為是由舌尖感覺味道的，但是感覺味道的器官味蕾，事實上在舌的後方比前方來得多。舌的哪一個部分會感覺到甜味、鹹味、酸味、苦味，經常有一些圖鑑會顯示這些部位。但是這只是直接引用一百年前的簡單實驗，現在雖已成為定論，但這其實並不是很有根據的說法。我們利用整個舌感覺各種味道。其感覺方式，事實上是擁有大量味蕾的後方部位更為敏感。

（二）生存不甘或缺的味道

味道和維持我們生存不可或缺的「飲食」有密切的關係。如果完全感覺不到味覺，那將會是什麼樣的一種情況呢？麵包吃起來就好像海綿一樣，牛排嚼起來就好像橡皮一樣，咖啡喝起來就好像混濁的雨水一般，這樣當然就引不起任何食慾。

法國美食家布里亞・沙巴蘭在其著作《美味禮讚》當中曾說：「發現新的美食，就如同發現一個新天體一樣。」

對人而言，味覺不僅是保持健康以及營養上所需要的感覺。敏銳的味覺能夠增添人生的樂趣，同時也可創造出美味的料理，乃是一門藝術。

味覺的基本味包括甜味、鹹味、酸味、苦味、甘味五種。我們能感覺到食物的味道，是由於溶解於唾液的味物質附著於味蕾，這個刺激經由神經傳達到腦而感覺到的。在味蕾前端有數微米的味孔與外界互通，味物質附著於味孔深處味細胞的突起（微小毛）。這個微小毛有對應各種基本味、如鑰匙孔般的接收體，即為感受到這個物質特有味道的構造。

味蕾感覺到味道，不僅可識別某食物好吃或不好吃，而且也將維持生存必要的物質攝取到體內，使有害的物質不能進入體內，使自然的規律能夠發揮作用。

例如，分辨甜味是能夠成為熱量源的醣類，鹹味有礦物質，甘味則能攝取到製造蛋白質的氨基酸。這就是味覺的感覺。此外，酸味能得知食物腐敗，苦味則是避免攝取有害物質的危險信號。

也就是說，味覺會分辨對身體有用的東西或有害的東西，具有好像石蕊試紙般的作用。其他的感覺器官是藉由左右一對的神經將情報傳達到腦，只有味覺是藉由四對神經將味覺情報傳達到腦。萬一有一、兩條神經無法發揮機能時，才可以避免造成妨礙。但是即使具有這些輔助的神經，在口中最初掌握食物味道、具有感應器作用的味蕾一旦異常時，味覺就會產生混亂，結果可能就會喜歡吃口味較重的食物，或是出現食慾不振、偏食等現象。

三、何謂「味覺障礙」？

（一）症狀與原因

「食不知味」或是「吃什麼都不好吃」等的煩惱，健康的人恐怕是很難想像得到的吧！

我曾經有一次失去味覺，那時候才真正了解到患者的煩惱。那是在職場接受檢查，吞鎮劑接受胃檢查之後，因為太忙，沒有漱口就直接吃東西，結果完全吃不出味道來。這是因為舌頭表面被白色的鋇劑覆蓋，味孔被堵住而造成的。

大家如果有機會不妨嘗試一下，藉此就可以知道食不知味的感覺了。

味覺異常的症狀和原因各有不同。味覺異常大致可分為「味盲」和「味覺障礙」。味盲是先天無法感覺到特殊苦味物質，會以劣性遺傳的方式傳給下一代。依民族的不同，發症率有很大的差距。日本人的發症率大約為 10%（美國人約 40%）。由於對於日常生活並不會造成影響，因此如果沒有接受檢查，就不可能發現自己是味盲。

味覺障礙則因症狀的不同，又可以細分為五種形態——

(1) 味道感覺遲鈍的「味覺減退」，或是完全無法感覺味道的「味覺消失」。

(2) 把甜的東西誤以為是苦味的「異味症」。

(3) 口中沒有什麼東西，卻感覺到苦味或澀味的「自發性異常味覺」。

(4) 無法感覺到甜味的「解離性味覺障礙」。

(5) 不管吃什麼都覺得味道很難受的「惡味症」。

味覺障礙與頭痛或發燒等同樣的，並不是病名而是症狀。

引起味覺障礙的原因大致有以下幾種——

(1) 味蕾或舌的發炎、燙傷或受損時。或是放射線治療造成的發炎，也同屬於這一種。

(2) 因為發高燒而舌苔變厚、舌或口腔黏膜變白的錯角化症，使得味蕾的入口味孔被阻塞，唾液減少，味覺物質無法到達味蕾。

(3) 缺乏鋅或維他命，阻礙味蕾細胞再生時。這與飲食內容或常用藥的關係頗深。

(4) 因為顏面神經麻痺、腦內的疾病、中耳炎或切除偏桃腺等手術，使得味覺神經受損時。

(5) 感冒鼻塞，味覺衰退時。

(6) 罹患憂鬱病或不安神經症等精神異常引起味覺異常。也包括極度的壓力在內。

(7) 高齡導致生理的味覺減退。

這些味覺障礙的症狀不同，原因也各有不同。

（二）首要原因就是缺乏鋅

事實上，將來到我的味覺門診的患者引起味覺異常的原因加以分類之後，發現包括了慢性腸胃炎、糖尿病或各種慢性疾病在內，總共有十五種以上的原因。

其中最突出的就是缺乏鋅造成的胃腸障礙，占引起味覺障礙所有原因的六成，與其他原因相比占壓倒性多數。我們的身體除了稱為「主要元素」的碳、氫、氧、氮之外，還有稱為礦物質的鈣、磷、鎂等「準主要元素」，以及鐵、鋅、銅等「微量元素」。微量元素在體內所占的比例，以體重七十公斤的成人為例，只有十公克而已！缺乏準主要元素鈣和鎂所引起的疾病，現在大家應該都已經了解了，但仍很少有人知道礦物質微量元素的重要性。

微量元素扮演著讓各種代謝所需的酵素、維他命、荷爾蒙等順暢發揮作用的重要角色。鋅則存在於和基因複製或修復有關的蛋白質和酵素當中，是細胞中蛋白質合成所不可或缺的物質，也是讓細胞能夠正常活動不可或缺的物質。

缺乏鋅會造成成長延遲，性功能無法發揮，容易得成人病。成人之後的鋅缺乏症，其最初的徵兆就是味覺障礙。

（三）不斷更新的味細胞

為什麼缺乏鋅一開始就會出現味覺障礙呢？我們用來感覺味道的味蕾有味細胞。事實上，味細胞是壽命很短的細胞，老鼠大約是以十天為一個週期，不斷更新。同樣是掌握感覺的器官，聽覺或平衡感覺的細胞則是持續使用一生，一旦破壞就無法再生。但是味細胞會以較短的週期不斷的更新。

味細胞是「用後即丟」的細胞，必須不斷的更新才行，因此細胞中需要有大量的鋅。一旦缺乏鋅，就會引起味覺障礙。

缺乏鋅，首先是對於有味道的物質產生反應的味孔會出現變化，然後會破壞味細胞。而且缺乏鋅時，將無法合成蛋白質，無法製造出新的細胞來取代變性的細胞，因此味細胞的交替十分緩慢。

尤其在中高年齡時缺乏鋅，更容易引起味細胞的障礙。但是年輕時缺乏鋅，使得味細胞代謝受損，因而引起味覺障礙的機率也很高。

我們所進行的動物實驗中，給予老鼠沒有鋅的飼料，出現味覺障礙的，年輕鼠為 30%，老年鼠為 70%。不管任何臟器都一樣，隨著年齡的增長，細胞的新陳代謝就會衰退，細胞本身就有已經決定好的自然死亡的時間表。而且也已決定好細胞分裂的次數。味細胞即使老化較慢，但還是有它的界限存在。

四、現代人缺乏鋅

（一）容易缺乏鋅的理由

味覺障礙的理由是缺乏鋅，但是可能很多人不了解這一點。不知道自己缺乏鋅，甚至有些醫師也沒有這方面的經驗，更不知道有這種理論的存在。

鋅和維他命一樣，是必須從食物中攝取，經由十二指腸吸收而蓄積在骨中。由十二脂腸吸收的鋅的量，會好好加以控制，只吸收身體所需要的部分。

美國等先進國家，早已決定國民所需要鋅的一天所需量成人男性為 15 毫克，女性為 12 毫克。

缺乏鋅會造成味覺障礙，也可能因為動過胃或腸的手術或肝臟、腎臟等疾病、藥物的副作用而引起，但是最大的問題還是在於日常的飲食當中。半數以上的患者是因為缺乏鋅而引起味覺障礙，由此可知，在日常生活中攝取鋅是非常重要的。

歐美人士要是經由肉或乳酪攝取鋅，但是習慣吃飯或喝味噌湯的人，原本吃的就是鋅含量較少的食物，一天只能攝取大約九公克，而且幾乎都是從米飯中攝取的。但是現在以麵包為主食的人增加了。麵包中鋅的含量比較少，而且還添加了會抑制鋅的作用的食品添加物。

現在掀起了減肥旋風，還有速食品、在速食店用餐等簡易的飲食生活，結果以年輕人為主，出現了許多可能發生味覺障礙的人。一心想要減肥的人、住校生、女上班族（OL）或是飲食不規律的上班族等，都必須特別注意。

老人也不例外。獨居老人的偏食原本就會導致鋅的缺乏，卻總是認為——「反正自己年紀大了」而放棄，或是長期服用多種藥物而引起藥劑性味覺障礙的例子也增加了。老人成為藥罐子，而且置身於「孤食（孤單獨食之意）」的狀態，是老年人口的急增以及小家庭化，或者是同樣的疾病卻可以到多家醫院就診的健康保險制度出了問題。

再這樣下去，老年的味覺障礙者將會更多。味覺與聽覺相比，原本就是即使年齡增長也不容易衰退的，所以不要動不動就歸咎於年齡。平常就要充分攝取鋅，在感覺異常時盡早就醫，如此就能夠過著舒適的老年生活。

（二）食品添加物與鋅的缺乏

在我們體內無法合成鋅，因此只能從食物中攝取。但如前所述，現代人的飲食生活是處於不易攝取到鋅的環境中。因此，為了避免缺乏鋅，平常就要積極攝取鋅含量較多的食品，同時不要偏食也是很重要的。關於鋅含量豐富的食品，我們在〔第 6 章〕會詳加敘述。平常我們所吃的食物當中，也含有一些抑制鋅作用的食物，其代表性的物質就是食品添加物。像火腿、魚板等煉製品，還有許多加工食品，都添加了「多磷酸」、「EDTA」等食品添加物。這些物質具有將體內的鋅排出的作用。

食品包括天然物質在內，有義務標示出所有食品添加物的內容。一定要先確定標示之後再吃進嘴中。即使不是人工製造出來的食品添加物，如「肌醇六磷酸」等在米糠和豆類中含有的天然物質，也具有抑制鋅吸收的作用。

即使攝取了鋅較多的食品，可是如果同時攝取肌醇六磷酸較多的食品，以及食物纖維和鈣質較多的食品，則鋅也不易被溶解出來，故無法被十二指腸吸收。鈣質和食物纖維是維持健康不可或缺的物質，但是不能夠偏重於任何一種。尤其是出現味覺障礙徵兆的人，在飲食的攝取上就必須多花點工夫。

談到嗜好品，例如酒，對味覺而言或對鋅的消耗而言，都會造成不良的影響。分解酒精的乙醇脫氫酶是鋅酵素，大量飲酒就會消耗掉大量的鋅，導致味覺減退。此外，喝烈酒會直接損傷味蕾，即使只是喝得微醺，也會使得味蕾變得遲鈍。

大量的辣椒或咖哩等刺激性較強的食品，以及太燙的食物會直接損傷舌，成為損害味覺的原因。抽菸的確對味覺會造成不良影響。相反的，能夠促進鋅的吸收的食物，則是肉類等蛋白質較多的食品，以及維他命 C 含量豐富的水果等。

五、味覺障礙要早期治療

（一）限定時間約六個月

前面提過，味覺異常有很多種原因，其中占壓倒性勝利的，則是缺乏鋅而引起的味覺障礙。包括長期服用藥物的原因在內，可能會藉著飲食偏差的方式，提出缺乏鋅的警告信號。輕症者可以停止服用藥物、換藥，或是接受飲食指導來治好。而最重要的就是盡早治療，才能提高治癒率。

鋅對於細胞再生扮演著重要的角色。與 DNA 的複製有關的蛋白質中即含有大量的鋅，具有更新細胞的作用。和五感中無法再生的視覺或聽覺細胞相反的，味細胞能夠短期間再生。但是如果放任缺乏鋅的狀態於不顧，可能就無法再生了。

根據我的臨床經驗，我提出的限定期間是六個月，而實際觀察治癒率的統計，發現味覺障礙一個月以內治療能夠治癒者達 80%，半年以內為 70%，過了這段期間之後就變成 50～40%。發現得愈晚，則鋅治療的有效率就愈低。

此外，高齡者與年輕人相比，過了六個月之後治癒率更會降低。高齡者尤其需要早期診斷，早期治療。

當然，並不是只要給予鋅的處方，就能治好所有的味覺障礙。診斷的結果，如果味覺障礙的原因是腎臟異常，就必須要先恢復腎臟的功能。早期檢查，有助於了解味覺障礙的真正原因。有時進行味覺檢查，還會發現到出乎意料之外的疾病。

（二）味覺檢查非常簡單

等檢查完後才知道味覺障礙就已經太遲了。大半的患者都是經由家人或朋友指出味覺障礙而到醫院來的，其中最多的是四十到五十多歲的女性。就讀中學的孩子，覺得媽媽做的飯菜很奇怪，因此才到醫院來。中學生原本就是味覺最敏感的年紀，接下來的階段，雖然還只是學生或 OL，但是缺乏鋅也會出現味覺障礙。這個情形似乎有低年齡化的傾向，現在甚至連兒童都會缺乏鋅。

要正確了解體內缺乏鋅的狀態，只要測定血液中的鋅的含量就可以知道了。但是這時狀態已產生很大的變動，不適合用來發現潛在性的鋅缺乏症。目前已研究出測定白血球中的鋅或是調查體內鋅酵素中鋅的狀態的新方法。

另一方面，調查有無味覺障礙的方法，則是──「電氣味覺檢查法」和「濾紙檢查法」。電氣味覺檢查法，是使用電氣味覺劑，讓弱的正電通到舌，使刺激的程度產生各種變化，再調查能夠感覺到舔舊鐵釘等獨特味道的程度如何。將細金屬棒貼於舌上，如果感覺到刺激，就按下手邊的按鈕。所需時間約為五分鐘，任何人都可以輕易接受檢查。

濾紙檢查法，則是將各自含有甜味、鹹味、酸味、苦味四種味道的濾紙用小鑷子夾著，放在舌頭上來感覺味道的檢查法。融入濾紙中的各種味道分為五階段的濃度，放在支配各神經的舌的部位。這與電氣味覺檢查法同樣是簡單的檢查法。

利用這些檢查法檢查之後，發現有三成都是由於太簡單的飲食生活導致缺乏鋅，而引起味覺障礙。

有些自認為健康的年輕人進行味覺檢查，調查血液中的鋅的值。結果半數以上的年輕人血中鋅值比正常值低，而且半數的人味覺已經遲鈍了。調查他們的飲食生活，三分之一的人不吃早餐，尤其是單身生活的學生，吃的都是速食品或便利商店的便當、罐裝果汁、啤酒等。

（三）味覺障礙的治療法

民族味覺的敏銳與文化品質的高度是成正比的。飽食時代年輕女性營養失調，或兒童肥胖和成人病的增加等諷刺現象也是如此。鋅缺乏造成的味覺障礙，就表示對健康最重要的飲食生活有所缺陷。要防止缺乏鋅引起的味覺障礙，平常就要多攝取含有鋅的食物。而且要極力避免攝取會防礙體內的鋅作用的食品添加物。

鋅的缺乏會引起味覺障礙。味覺障礙只不過是缺乏鋅引起的最初障礙，缺乏鋅的狀態持續下去，會得夜盲症，停止成長，容易得成人病。而且免疫力減退，會出現皮膚炎、掉髮、食慾不振等現象。尤其發育期的兒童和懷孕中的孕婦更需要大量攝取鋅。

因此，一旦覺得味覺異常時，就要盡早去看耳鼻喉科的專門醫師，早日診治、早日康復。

當然，如果是因為腫瘤或顏面麻痺等引起味覺神經障礙，導致味覺神經受損時，則即使服用鋅也無法改善症狀，這些人不能成為鋅療法的對象。但是在這種情況下進行味覺檢查，就可以診斷出到底是哪裡出了毛病，或是需不需要動手術了。

此外，由全身性疾病引發的味覺障礙，要接受各別專門醫師的診治。如果是伴隨鋅缺乏的情況，則不併用鋅就無法改善味覺障礙了。

第 3 章

創造元氣的礦物質「鋅」的真相！

一、何謂「礦物質」？

（一）人體是由元素所構成的

「人體是由什麼構成的呢？」

當孩子這麼問您的時候，您會怎麼回答呢？

也許您會回答：「是由骨骼、肌肉和內臟構成的。」或：「是由細胞構成的。」

當然，這些答案都沒有錯，但是骨骼、肌肉和內臟還有細胞全都是由「元素」所構成的。我們的身體如果用研缽磨碎，而且是碎到不能再變細的狀態時，則全部都會變成「元素」。

元素是存在於自然界的最小單位。地球上所有的物質都是由各種元素組合而成的。我們人體自然也不例外。

在我們所生存的地球上，目前已經發現有一百多種的元素。其中包括人類等所有生物的身體，幾乎 95%以上都是由氫（H）、碳（C）、氮（N），氧（O）四種元素所構成的。

這四種元素大量存在於空氣中。水是由氫和氧元素合成的。也就是說，人體大部分都是由和空氣及水相同的元素構成的。燃燒身體，最後就會還原為空氣及水。

除了這四種元素之外，剩下的 5%則含有十六種元素，欠缺任何一種都不可能使人體存活。

「貧血的人應該吃含有大量鐵質的牛肝或雞肝。」此外，也經常聽人說：「吃含有大量『鈣質』的小魚能夠強健骨骼。」鐵（Fe）和鈣（Ca）雖然是少量物質，但卻是構成我們身體的元素之一，在體內具有很重要的作用。

不僅是鐵或鈣，存在我們體內的各種元素都扮演著十分重要的角色。

（二）維持健康不可或缺的礦物質

掀起健康旋風的國內，在超市的食品賣場陳列著很多的健康食品。最近特別受注目的，就是含有礦物質的商品。含有礦物質的飲料或點心等，經常都會看到「礦物質」這幾個字。

「礦物質」這個字眼最近非常氾濫，但是如果問：「礦物質是什麼？」想必能夠清楚回答的人應該不多吧！

一言以蔽之，礦物質就是──「除了四元素（氫、碳、氮、氧）之外，其他所有元素的總稱。」身體的 95%是由四大元素構成的，而構成剩下 5%的各種元素，就總稱為礦物質。

其中的一些礦物質，如果是對人體而言必要的物質，則稱為「必須礦物質」，目前已經確認有十六種（鈣、鉀、氯、鎂、硫、磷、鈉、鋅、鐵、銅、錳、鈷、鉻、碘、鉬、硒）。

這些物質依存在於體內的量（百分比）分類如下──

(1) **多量元素**：氧、碳、氫、氮、鈣、磷（98.5%）

(2) **少量元素**：硫、鉀、銅、氯、鎂（與(1)合計為 99.4%）

(3) **微量元素**：鐵、鋅、錳、銅

(4) **超微量元素**：硒、碘、鉬、鉻、鈷

多量元素在成人體內含量以公斤為單位，少量元素是 10～100 公克為單位，微量元素是 100 毫克～1 公克為單位，超微量元素是 1～10 毫克為單位。

在體內的含量雖少，但重要性並非就比較低。即使是微量元素，對我們的身體而言也是不可或缺的。任何一種微量礦物質都具有相當重要的作用。

（三）生命的根源存在於海中的金屬元素

人體內除了氫、碳、氮、氧四大元素之外，其他都是微量元素，亦即稱為礦物質的各種元素。其中對於人體而言不可或缺的必須礦物質，總共有十六種。

看這些必須礦物質就可以了解到，它們都是一些金屬名稱。事實上除了氯、碘等之外，幾乎都是「金屬元素」。也就是說，人體內存在著多種金屬元素，而這些都是維持我們生存不可或缺的物質。

為什麼我們的身體需要金屬元素呢？這和地球上生命的誕生有很密切的關係。

距今三十五億年前，在原始的海中，藉著太陽的紫外線和閃電的作用，誕生了原始生物物質，例如氨基酸和蛋白質，這就是生命的起源。這個原始生物物質為了獲得生命，也就是自己製造自己的作用，首先需要利用金屬產生的觸媒作用。只要看現在蛋白質或核酸等較容易被吸收到金屬中的構造，各位就不難可以想像了。

來自於海洋的生命，其根據就是創造生物體的元素組成和海水組成非常類似。海產無脊椎動物或原始的脊椎動物，其元素組成大致都是相同的。

站在生物進化頂點的人類，其體內較多的元素與海水中較多元素的前十名互相比較，雖然順序有點不同，但內容幾乎是相同的。不同的則是在海水中為第五位的鎂，在人體中是第十一位，而人體中居於第六位的磷，在海水中的含量則甚少。

此外，陸地生物和海洋生物所需要的元素種類和濃度也不同。而了解某元素對某生物而言到底需要多少的線索，則是「濃縮係數」。濃縮係數是指生物是否會積極吸收某種特定元素的指數。亦即將存在於地球上的某元素的量定為一時，則這個生命中所含的量愈多的時候，就表示它愈需要這種元素。

隨著動物的進化，必要的礦物質經由濃縮吸收，貯藏在骨骼及相當於骨骼的組織當中，在必要的時候就能夠供給體液使用。

（四）飽食時代缺乏礦物質

含有鐵或鈣的飲料、鎂飲料——在便利商店的架子上甚至擺滿了標示 Fe、Ca、Mg 等元素名的瓶子。現在的礦物質旋風，讓人覺得像是昔日維他命旋風的盛況再度展開似的。

礦物質如此備受注目的背景，就是最近對於礦物質的研究急速進行，在醫學、營養學方面，礦物質發現到掌握支持生命作用的關鍵。這就是它受到重視的緣故。

由於生物科技的進步，陸續揭開生命的神祕面紗。最受注目的酵素，大部分都是藉著礦物質幫助的各種金屬酵素，或是稱為金屬需求酵素。而礦物質與存在於所有生物細胞中維持生命不可或缺的核酸，也就是 RNA（核糖核酸）或 DNA（去氧核糖核酸）的作用有密切的關係。知道了礦物質對於核酸這種生命現象的根本有著相當重要的影響，因此礦物質遂開始嶄露頭角。

由於眾人對於健康的關心度日益提高，於是礦物質也開始備受注目。

礦物質無法在我們體內自行製造，我們所需要的礦物質，全都要由食物中攝取才能獲得。因此只要攝取正常的飲食，應該就不會缺乏這些礦物質。

但是隨著飲食生活的變化，現在已經沒有辦法完全攝取到所有的必須礦物質。尤其現代人飲食的偏差，更導致礦物質的缺乏。身體不可或缺的必須礦物質有十六種，因此要設計營養均衡的菜單，要吃魚貝類、肉類、穀物、蔬菜等，這對攝取到必須礦物質而言乃是必要的作法。

在這個飽食時代——食物太多的時代，多數人卻反而缺乏了礦物質，這真是一大諷刺。

（五）食物中的礦物質減少

偏差的飲食是導致礦物質缺乏的最大原因，而現代的飲食生活不容易攝取到礦物質的問題還有很多。也就是說，我們吃進體內的食物本身，其所含的礦物質的量，就已經明顯地減少了。

食物中的礦物質減少的理由有幾個，首先要列舉的就是土壤中的礦物質減少了。礦物質較多的是金屬元素。它們原本存在於土壤和水中。也就是說，從土壤生成食物，藉著牛等動物吃了植物，然後我們人類吃了這些動物，才能夠補充礦物質。但是土壤本身所含的礦物質減少了，因此牧草中所含的礦物質也不夠。於是家畜出現礦物質缺乏症，當然吃了家畜的人類也會出現礦物質缺乏的情形。

事實上，世界上缺乏碘、錳、硒、鋅等的地帶，會出現礦物質缺乏症。日本熊本的農業科學研究所所長中嶋常允博士認為，像日本的農地由於長年以氮、磷、鉀過剩化學農藥施肥，導致錳、鐵、銅、鋅、硼等微量礦物質缺乏，因此，在這些農地採收的植物中的微量礦物質的含量也就跟著減少了。

此外，精製食品、加工食品增加，也是加速礦物質缺乏的原因之一。例如在精製小麥或白米的過程當中，含有大量礦物質的胚芽被捨棄掉。在燉煮食材的過程當中，大量的礦物質也會流失到水中。我們平常所吃進口中的加工食品，即早已經失去了大量的礦物質。

食品添加物也會抑制了礦物質的攝取，這點也是不容忽略。很多加工食品所含的食品添加物當中，有很多會抑制礦物質的吸收。所以現代就算想藉著各種食品攝取礦物質，但實際上卻無法攝取到。造成飲食性礦物質缺乏的理由就在於此。

二、何謂「鋅」以及鋅以外的各種礦物質？

（一）以往被忽略的礦物質

現代人生活在容易缺乏礦物質的環境當中，但是並不是所有的礦物質都容易缺乏。而且即使飲食生活改變了，可只要注意正常的飲食生活，還是可以攝取到足夠量的礦物質。問題在於早已經缺乏，但卻到現在還沒有被注意到的礦物質，其中最具代表性的就是鋅。

礦物質當中，大家都知道鈣和鐵的必要性，然而關於鋅，甚至有的人連這個名字都沒有聽過。因為有不少人都以為鋅是鉛的同類。

但是鋅在必須礦物質當中，卻是對人體具有不可或缺作用的礦物質。而且對於現代人而言，鋅也是最容易缺乏的礦物質之一。

就成人而言，鋅一日的所需量（應該從食物中攝取的量）為 15 毫克。但是國人平均只能攝取到 9 毫克，年輕女性甚至只能攝取到 6 毫克。鋅對於兒童成長而言，乃是不可或缺的物質，但一天卻也只能攝取到 8 毫克而已！

也就是說，如果不下意識積極的攝取鋅，就無法攝取到必要量的鋅，不知不覺中就會出現鋅缺乏症。

（二）最新發現鋅的作用

提到鋅這個字眼，不知道各位讀者會有些什麼樣的聯想？

有人說鋅是在遠古的宇宙超新星爆炸時生成的。當時誕生的物質飄浮在廣大的宇宙之中，反覆的撞擊，最後就誕生了太陽和地球。因此鋅應該是比地球更早就存在於宇宙中的物質，亦即在生物於地球出現之前就已經存在於這個世界中了。

鋅的表面會發出銀白色的光澤，廣泛分布於地殼，土壤等自然界中。

鋅在我們體內具有各種的作用。目前已知的主要作用有如下這些情況——

(1) 與超過三百種以上的酵素活化有關
(2) 與細胞分裂時的 DNA 複製有關
(3) 促進兒童的成長（維持生長激素的機能、促進骨骼的成長）
(4) 加速傷口的癒合
(5) 促進性腺的分泌
(6) 持續懷孕
(7) 生物體膜的穩定化（防止老化）
(8) 維持皮膚健康（與維他命 C 和膠原蛋白的合成有關）
(9) 安定精神（與中樞神經的形成和機能有關）
(10) 形成免疫（預防及治癒疾病）
(11) 維持視力（與視網膜的機能、維他命 A 的代謝有關）
(12) 保全味覺、嗅覺，分泌唾液
(13) 分解乙醇
(14) 調節血中的膽固醇
(15) 與二氧化碳的移送有關（使紅血球、碳酸脫氫酶活化起來）
(16) 使活性氧無毒化（防止老化）

總而言之，鋅在體內具有廣泛的作用，相當的活躍。這種活躍的程度，在礦物質當中宛如主角般的存在。

（三）從配角變成主角

在我們體內，消化食物、製造荷爾蒙，或是當病毒等外敵侵入時，會迅速進行各種反應來加以處理，這時就會使用各種「酵素」。而酵素就是幫助體內各種化學反應的物質。

人類具有幾千種的酵素，為維持生存，會迅速進行化學反應。例如，在消化食物方面，碳水化合物要利用澱粉酶、蛋白質要利用蛋白酶、脂肪要利用脂肪酶等酵素的作用，分解為能被腸吸收的形態。酵素在清潔劑中也被廣泛地加以使用，只要少量就具有強力的去污效果。

在體內活躍的幾千種酵素當中，大約有三百種酵素沒有鋅就無法活化。也就是說，如果缺乏鋅，體內負責各種機能的零件（酵素）當中，將有大約三百種無法發揮效用。

鋅具有礦物質的作用，是維持我們健康所不可或缺的物質，但是一般人沒有正確的了解，對它的印象也不好，因此長久以來一直都被忽略掉了。

但是現在鎂光燈慢慢將焦點對準在鋅的身上了。其關鍵就在於上一章所說明的味覺障礙。

味覺障礙主要是因為偏食導致鋅缺乏所引起的。不知道鹹味、甜味等味道時，一開始就察覺到自己缺乏鋅的人比較少。味覺是與日常生活關係密切的問題，因此提高了眾人的關心度，這十幾年來，媒體更是時常加以報導。

了解鋅的重要性之後，在各方面重新評估其存在的價值。事實上，在醫療現場也用鋅來治療創傷和胃潰瘍等。此外，在細胞的新陳代謝方面，鋅也是讓嬰兒健康成長不可或缺的物質。最近添加 DHA（二十二碳六烯酸）及添加鋅成分的奶粉也上市了。

鋅目前雖然還不像鐵或鈣那麼有名，但是已經慢慢的從配角走向主角之路了。

（四）讓有害金屬轉為無害的鋅

在此要探討鋅另外一個比較令人意外的作用。也就是它具有抑制有害金屬作用的功能。

圍繞著我們現代人的生活環境，是以前人類所不曾經驗過的惡化狀態。金屬，也就是礦物質方面，我們已很難攝取到像鋅這種在體內能夠發揮重要作用的微量礦物質。但是大量的有害礦物質卻反而進入了體內。

日本人的體內有害礦物質濃度相當的高，腎臟中所含的鎘濃度甚至高居世界第一位，而汞也比其他國家所攝取的更多。

但是不要因此而悲觀的認為無法守護健康了，只要抑制進入體內的有害礦物質就可以了。

事實上讓有害礦物質轉為無害並非是不可能。維他命或礦物質當中，有一些可抑制對人體有害的礦物質鉛、鎘、汞的吸收，或者是抑制其作用並將其排 。

例如鎘的毒性可藉鋅、銅、鐵、硒來抑制，碑的毒性也可以藉著硒來抑制。此外，雖然還不了解其作用，可是在有害重金屬的解毒及消除自由基等方面能夠發揮作用的「金屬巰基組氨酸三甲基內鹽」這種蛋白質，在肝臟製造 來時就需要鋅。

有害金屬在體內時，有些人的健康會受損，但有的卻不會受損，其影響方式之所以會有差距，理由之一就在於是否能夠充分攝取抑制有害金屬作用的鋅或硒。

今後隨著農藥、食品添加物、環境污染等的增加，我們攝取有害物質的機會也會不斷的增加。在這種生活環境當中，為避免受到有害礦物質的影響，善加攝取鋅的所需量就是非常重要的。

（五）攝取再多的鋅無妨嗎？

年輕女性的減肥，更是加速鋅缺乏的一大要因。

含有豐富鋅的食品，稍後還會加以探討。如果不下意識多攝取一些含有鋅的食品，當然就可能會缺乏鋅了。

有的人也許會擔心攝取過多，但從食品中攝取再多的鋅，也不用擔心攝取過多的問題。因為根據以往的研究，人體能夠接受鋅的範圍與其他的礦物質相比，非常廣泛，而且即使攝取大量的鋅，也不會出現不好的副作用。

重症的味覺障礙患者，持續六個月服用一天所需量十倍的硫酸鋅，我認為並不會對其他臟器造成妨礙。對健康人而言，即使鋅在血液中的濃度到達普通的四倍，也不會出現毒性。

基於生物體恆常功能（恆常性——配合外部環境的變化，調節體內環境，使其保持穩定），即使吃再多鋅含量豐富的食品，身體也只會吸收必要的成分，多餘的則會通過腸排出體外，不會造成任何的不適現象。

鋅在礦物質當中，是不需要擔心會攝取過多、非常方便的一種礦物質。

（六）使用錠劑時要慎重其事

攝取再多的鋅也不必擔心，但如果是從食品之外攝取的鋅，就又另當別論了。

使用錠劑時，一定要先和專家商量。因為服用鋅會產生的副作用包括：噁心、腹痛、下痢、皮疹等症狀。此外，處理鋅的工廠等，有時在加熱的時候也會產生氧化鋅的蒸氣，大量吸入後就會出現發燒、顫抖等現象。

由於這些事例都是從食品以外的管道大量攝取鋅的，因此的確是有可能會發生意外事故的。

對於重症的味覺障礙患者，我經常讓他們在半年內服用一日所需量十倍的鋅（硫酸鋅），但是完全無副作用。據說硫酸鋅會引起胃腸障礙，但是像葡萄糖酸鋅、醋酸鋅、肌肽鋅等的副作用都很少。尤其天然食品中所含的有機體鋅更是絕對無副作用的，因此如果是只從飲食中攝取鋅，就不用擔心副作用的問題了。

（七）鋅以外的礦物質

掌管我們生命的礦物質，當然不只是鋅，還有很多的礦物質，在我們的體內也相當的活躍。這些礦物質會和其他的礦物質及維他命互助合作，提高相互的機能，但相反的，也有些相合性不甚佳的礦物質類。

現在就來說明，除了鋅以外，維持健康體不可或缺的礦物質的作用及其特徵。

（八）鐵＝令女性煩惱的缺鐵性貧血

微量金屬元素當中，在人體內含量最多的就是鐵。以體重70公斤的男性來說，體內大約有4～5公克的鐵。

鐵是大家所熟悉的元素，從很久以前就知道血液中含有鐵。而把鐵當成藥劑使用的紀錄，早在希臘神話中就有不少的記載，在希波克拉底的時代，即曾用鐵來治療貧血。

存在於體內的鐵當中，60～70％存在於血液裡，負責搬運我們從鼻子吸入的氧的血紅蛋白的核，就是鐵製造出來的。因此缺鐵時，氧便無法順利的運到身體各處，而會導致臉色蒼白、呼吸困難等症狀。

鐵的一日所需量為10～12毫克。攝取一般飲食時，則一天的食物中含有40～50毫克的鐵，但是其中真正能夠被身體吸收的只有百分之幾而已，其他都會被排出體外。因此如果食量減少，立刻就會缺鐵。減肥中的女性很多人會有貧血的現象，理由就在於此。即使不是如此，有月經的女性也很容易缺鐵。在懷孕時，由於胎兒成長需要大量的鐵，因此在懷孕後期一天至少要攝取20毫克，在授乳期也要攝取20毫克以上。

含鐵較多的食品，包括海苔、羊栖菜、綠茶、小乾白魚、豬肝、大豆等，蔬菜方面則為荷蘭芹、菠菜等黃綠色疏菜較多。但是經由食物的吸收率會有差距。動物性食品中所含的鐵的吸收性比植物性食品更好，所以有人說：「貧血的人吃肝臟比較好！」這就是因為肝臟中所含的鐵能夠有效的被人體吸收的緣故。此外，如果和維他命 C 或蛋白質一併攝取，就更能夠提高鐵的吸收率了。

（九）銅＝預防成人病不可或缺的物質

銅和鐵的組合製造出血液中的血紅蛋白，成為各種酵素的材料或活性劑。例如，在血管壁有製造彈力蛋白這種具有彈力組織的酵素，而這個酵素沒有銅就無法充分發揮作用。也就是說，缺乏銅就容易引起動脈硬化。不僅是動脈硬化，像糖尿病或白內障等，能夠分解誘發各種成人病的過氧化脂質的酵素材料，都要使用銅。它和鋅同樣是預防成人病不可或缺的礦物質。所需量大人為一毫克，只要攝取普通的飲食就可以得到二～四毫克的銅。

此外，和鋅同樣的，銅也是兒童成長不可或缺的礦物質。嬰兒一旦缺乏銅就會得貧血症，抑制成長。因此嬰兒在體內會儲備來自於母體的銅，生下來之後可以從母乳中繼續攝取到銅。母乳中除了鋅之外，也含有豐富的銅。

不過最近年輕女性銅攝取量不足。即將成為人母的這些女性的身體，著實令人感到擔心。

此外，缺乏銅時，會發生貧血和頭髮捲曲等異常現象，而且骨骼會變形或是腦出現障礙等等。

含銅較多的食品與鋅同樣的，包括四季豆、牡蠣、抹茶、牛肝、芝麻、杏仁等等。倘若只是攝取平常的飲食，則很少有機會吃到含有銅的食品，因此平常要下意識多吃一些。

（十）錳＝可以代替其他的礦物質

錳（音猛）是必須礦物質之一，功能非常的多，要列舉出它的特定作用很困難。一般而言，首先它會和酵素或蛋白質結合，具有調整這些物質的觸媒作用的功能。第二點則是可以當成其他具有類似性質的礦物質的代打者，例如能夠完成鈣或鎂的作用。

抑制活性氧的 SOD（超氧化歧化酶），如果沒有錳，就無法發揮作用。此外，它也具有降血糖作用。

缺乏錳，會使得骨骼發育延遲或停止，此外也會引起性功能障礙。尤其可能會使得雌性動物怠忽授乳，特別討厭育兒，而雄性動物則可能會喪失性慾。

錳的所需量為一天 2 毫克，只要攝取普通飲食就不用擔心會缺乏錳，但是如果生長在缺乏錳的土地上，當然所採收的作物中錳的含量也就比較少。因此其實沒有辦法攝取到必要的錳的人非常的多。將剛出生的嬰兒丟棄不管，或者是讓小的孩子就這樣死去等事件，有的學者認為這些欠缺母愛的行為就是缺乏錳所造成的。

錳在綠茶或可可中都有，在小麥或糙米等穀類及海草、貝類中的含量也很豐富。精製的食品中則含量較少，所以絕對不可以依賴速食品或加工食品。

（十一）鈣＝不補給就會立刻流失

提到鈣，一般人都會想到骨骼。鈣與骨的關係相信大家都很了解。事實上，體內的鈣 99%都存在於骨或牙齒等硬的組織當中。缺乏鈣時，骨骼和牙齒就會變得脆弱，其中一個例子就是女性比較容易罹患的「骨質疏鬆症」。因為骨出現了疏鬆，如浮石一般，所以動不動就會導致骨折。

在骨中含有大量的鈣，但是它並不是一直停留在骨骼當中，而是會不斷進進出出的。如果怠忽補給，就容易導致鈣缺乏。就好像汽車的汽油一樣，如果不補給，就無法持續奔馳。而且代謝的速度非常的快，大約三週內，骨中的鈣就會全部更新一次。

因此，一天最少要攝取 260 毫克的鈣，這乃是一天經由代謝而會排出體外的分量。

此外，隨著年齡的增長，鈣的吸收率會降低。女性停經後，能遏止骨中的鈣流失的女性荷爾蒙分泌減少，因此骨中的鈣容易缺乏。所以女性高齡者較易罹患骨質疏鬆症。不過最近年輕女性的骨質疏鬆症也日益增加了，這其實與年齡無關，平常就要好好的攝取鈣才是最重要的。

體內的鈣幾乎都存在於骨骼和牙齒中，剩下的一％則存在血液和細胞中。雖然是微量元素，但卻能保持肌肉和神經適度的興奮性，維持腦和神經的正常功能。例如，血液中一旦缺乏鈣時，就會變得焦躁或興奮。最近的小孩在學校或家庭中會訴諸暴力，原因可能就是缺乏鈣的緣故吧！

鈣的一天必要攝取量為 600 毫克。雖說攝取了這樣的量，但真正吸收到體內的卻只有半量而已。一天會從體內排泄掉 260 毫克，所以應該要多攝取一些，因此制定了 600 毫克的標準。

含有鈣較多的食品，包括小乾白魚、蝦米、羊栖菜、芝麻、乾燥海帶芽、乳製品等。不過必須注意攝取方式。鈣與磷最好以一比一或一比二的比例來攝取，因為磷的比例如果太高，將會抑制鈣的吸收。例如，泡麵中鈣為一磷為五，而速食品當中也含有很多磷，因此要多加注意。

（十二）鎂＝能夠發揮預防心臟病的力量

和鋅同樣的，最近才注意到鎂（音美）具有重要的作用，因而備受注目。

主要作用與很多酵素的功能都有關，尤其在細胞內，關於成為熱量源的物質（ＡＴＰ）的活性，鎂乃是不可或缺的存在，和調節體溫、神經興奮、收縮肌肉、分泌荷爾蒙等各種生理機能都有很大的關聯。

體重七十公斤的成人，體內有 20～28 公克的鎂，其中大半都存在於骨骼當中，而剩下的則存在於心臟、肌肉、肝臟、腎臟和神經組織中。

一旦缺乏時，就會引起心肌梗塞、狹心症等循環器官疾病或精神神經障礙。鎂和鈣只要以一比一的比例來攝取，就能預防這些疾病。

當骨中的鈣溶出，附著於血管壁時，就會引起動脈硬化，而鎂則具有抑制這種情形的作用。事實上，根據報告顯示，把鈣與鎂含量較多的硬水作為飲水的地區，心肌梗塞、狹心症造成的死亡率也比較低。

也就是說，鎂和鈣的均衡攝取非常重要，光是攝取過多的鈣，會使鎂產生不良的作用。對於強健骨骼而言，鈣更是不可或缺的，但是它並不是萬能的物質，所以雖然一再強調鈣的必要性，但若是鈣大幅度的增加，就會使鈣與鎂的平衡整個瓦解掉，因此頗令人擔心。

鎂在糙米、米糠、乾燥海帶芽、乾海帶、芝麻中的含量較多，只要攝取傳統飲食就很容易攝取到這種礦物質。在古代，會利用氯化鎂這種鹽滷做豆腐吃。另外，從天然鹽中也可以攝取到鎂。不過隨著現代人飲食的歐美化，我們變得很難攝取到這些鎂。和其他的礦物質一樣，精製度愈高的食物，鎂的含量就愈少。

（十三）硒＝防止老化、制癌

硒（音西）能夠防止老化，同時具有制癌的效果，因此一躍成名。硒具有防止老化及制癌的效果，是因為它具有以下的作用——

活性氧首先會使周圍的組織細胞氧化，成為老化或癌症的原因。而能夠擊退惡名昭彰的活性氧的就是 SOD（超氧化歧化酶）。而要使這種酵素活化，就需要有鋅、銅和錳等。

但是有了 SOD，也不見得就能完全擊退活性氧。因為活性氧在變成無害物質之前，必須要先經過幾個步驟。如果這些步驟無法有效的進行，則反而會使其成為毒性很強的物質。

讓我們再詳細說明一下——SOD 是能夠將活性氧變成過氧化氫的物質。但是光靠這樣還不夠，必須要出動谷胱甘肽過氧化物酶或過氧化氫酶等酵素，如此才能使得過氧化氫變成無害的氧和水。

事實上，這個谷胱甘肽過氧化物酶所需要的礦物質就是硒，而過氧化氫酶則是鐵酵素。

這些細胞組織防止氧化的抗氧化作用，就是防止細胞破壞的作用。因此不僅能防止老化或癌症，同時也能預防動脈硬化、肝臟障礙、糖尿病、白內障等成人病。

此外，硒是製造精子必要的物質。藉著硒化合物可以抑制抗癌劑氯氨鉑 CIS-PLATIN）的副作用。目前正著手於這方面的研究。

硒之所以成為研究者之間注意到的金屬，在美國甚至有當成健康食品的硒的錠劑上市，不過根據報告，服用之後會中毒。硒和鋅不同，其有效量和中毒量的差距非常的小，所以即使被當成健康食品來販賣，也的確是具有危險性的。

（十四）磷＝與鈣一樣都是骨骼的必要物質

磷具有各種作用，最為人所知的就是和骨骼、牙齒的關係。和鈣一樣，磷也是用來生成骨骼與牙齒，在體內有八十%

都是以磷酸鈣的形態存在於骨當中。因此一旦缺乏磷，就會得骨老化症、佝僂病、發育不全等。此外，磷的作用還有熱量的代謝或維持腦、神經、細胞的機能及體液的酸鹼平衡等等，全都是維持生命不可或缺的重要作用。

成人一天的所需量為 600～900 毫克。磷和鈣以一比一的比例來攝取最好。但由於磷在各種食品中都有，且最近又被當成食品添加物大量使用。只要不偏食，就不會缺乏磷。現代人反而有磷攝取量過剩的傾向，如此一來將會助長鈣的缺乏。

如果不是必須攝取磷豐富的食品不可，那麼蛋白質的攝取控制在一天 40 公克以下，磷攝取量也應該控制在 600 毫克以下。

（十五）鉀＝保持酸鹼平衡

鉀是以離子的形態大量存在於細胞內液中的礦物質。與細胞外液中的鋼共同作業，以保持細胞內的酸鹼平衡。

缺乏鉀時，會造成低鉀血症，產生肌肉的脫力感、頻脈、心擴張等症狀。和其他的礦物質相比，其容許量非常的少。血液中的鉀濃度一旦超過正常值的三倍，心跳就會停止。

含鉀較多的食品包括海藻、葡萄乾、加州梅、香蕉、馬鈴薯等。此外，在肉類、魚類中含量亦比較豐富。所以只要攝取普通的飲食就沒有問題了。

（十六）鈉＝與成人病有密切的關係

鈉大多是氯化鈉或碳酸氫銅等分布於細胞外的體液中的物質，與細胞內的鉀攜手合作，對於維持體液的正常功能有所貢獻。此外，銅對於神經傳遞也具有很重要的作用。這是因為神經傳遞必須藉著透過神經細胞膜的細胞外的銅和細胞內的鉀交替時所產生的電氣變化，才能夠進行的緣故。

但是我們主要是從食鹽中攝取到銅，而如果是以白米為主的飲食，就會想吃比較鹹的食物，因此銅會攝取過剩。食鹽的攝取量一天最好是在 10 公克以下，但是這個規定很難做到。在日本的話，例如，一碗味噌湯會攝取到 1.2 公克的鹽，而醃鹹黃蘿蔔兩塊為 1.5 公克，醃鹹梅一個為 1.6 公克。如果是拉麵等，把湯全部喝掉，就會攝取到六公克的食鹽。因此，一天的攝取量很輕易的就會超過 10 公克。

食鹽過剩症將會造成高血壓等成人病。

鈉不但不會不足，反而是要注意不能攝取太多。

（十七）碘＝甲狀腺素不可或缺的物質

碘的一日必要攝取量為 200～500 微克（一微克是一百萬

分之一公克），量非常的少，但是其作用卻非常的重要。尤其它是甲狀腺素的構成成分不可或缺的礦物質之一，分泌的荷爾蒙具有促進代謝機能的作用。

碘太多或太少都會引起甲狀腺肥大症，與甲狀腺癌的發生有關。此外，攝取過多會導致神經過敏、容易興奮，缺乏時則會導致體力減退、成長障礙、掉髮、皮膚異常等。

碘在海藻或魚貝類中含量都很多，習慣吃這類食品較多的人們，不需要擔心缺乏的問題。例如北海道海岸地區能吃到大量昆布的地方，反而還會因為攝取過剩而造成甲狀腺腫。

（十八）氯＝合成胃酸的必要物質

氯（音綠）的重要作用，就是合成食物消化不可或缺的胃液。氯就是胃液中所含的鹽酸的主要成分，一旦缺乏時，胃液的濃度就會降低，因而引起消化不良或食慾不振。大量流汗之後，氯和汗會大量被排出。做了劇烈運動之後或是因為夏日懶散症，食慾會暫時減退而且大量流汗，胃液的濃度同時也會降低。

但是，氯和銅是同樣的，從飲食中所含的食鹽中就可以大量攝取到氯。因此一般人，只要過著普通生活就無須擔心會缺乏氯。在鈉的部分已經提過，反而要擔心的是，不可以攝取太多的鹽分。

（十九）鉻＝具有預防糖尿病的效果

如果攝取碳水化合物等糖分含量較多的食品，則血液中的葡萄糖濃度會升高，同時胰臟也會分泌胰島素。這時胰島素會和鉻（音各）結合，讓葡萄糖吸收到肝臟或肌肉內的細胞中，因此具有降血糖值的作用。

也由此可知缺乏鉻會罹患糖尿病。因為鉻是提高胰島素作用不可或缺的礦物質。此外，缺乏鉻，還會引起動脈硬化和成長障礙。

另一方面，在防止金屬氧化的電鍍工廠等產業現場會使用鉻。作業人員吸入鉻，鼻黏膜會充血，鼻孔深處的隔板會穿孔。在各工廠也出現了很多肺癌的例子。這種鉻事實上是六元鉻，若被吸收到體內，對細胞內的核酸就會造成不良影響。

鉻在啤酒酵母、胡椒、玉米油、文蛤、雞肉、奶油中含量較多。一天的所需量為 50～200 微克，非常的少。只要攝取普通的飲食，就不必擔心缺乏的問題了。

（二十）鈷＝增加血紅蛋白的數目

鈷（音古）是構成維他命 B12 的要素，與紅血球的血紅蛋白製造以及神經細胞的防禦有關。在缺乏鉻的土地成長的牛和羊容易貧血、肌肉萎縮，甚至還會死亡。

牛肝、豬肝、貝類中的牡蠣、鱈魚、蝦中都含有鈷。國人一天要攝取三百微克，只要不是吸收障礙，都不必擔心缺乏症的問題。但如動過胃手術，則掌管鈷吸收的胃黏膜內因子會消失，因此容易發生維他命 B12 缺乏症（惡性貧血）。與鋅缺乏症同樣的，因為味覺異常而到我裡來的患者，舌頭也會出現異常的現象。

（二十一）鉬＝令人期待的抗癌作用

相信大家都很少聽過這個礦物質，這是與鉛非常類似的金屬，用來製造日本刀（武士刀）。

鉬（音日）在體內具有重要作用的酵素必須成分，是必須元素之一。生長在土壤中鉬含量較少的地方的居民極容易發生食道癌，由此可知它具有抗癌作用。

但如果攝取過多，容易增加銅的排出，引起缺銅症。鉬酵素亞硫酸氧化酶的遺傳缺乏症，或是長期利用靜脈注射攝取營養而缺乏鉬的情況，大都會出現昏睡等腦障礙狀況。雖然沒有規定所需量，但一般而言是不可或缺的礦物質。

第 4 章

利用鋅來預防所有的疾病與症狀！

一、利用鋅創造不輸給癌症的身體

（一）為什麼會得癌症？

現代醫學進步驚人，但是稱為成人病的疾病不但沒有減少，反而還不斷增加。癌症、糖尿病、高血壓、心臟病等即為其代表。這些疾病的罹病率（指罹患疾病者在總人口中所占的比例）、死亡率逐年增加。雖然醫學日新月異，但是這些疾病卻和我們的壽命延長成正比，不斷地直線增加。

癌症造成的死亡率約占總死亡數的三成，其構造目前已逐漸了解，認為早期發現早期治療乃是最好的處理方法。

人為什麼會得癌症呢？

人體大約是由六十兆個細胞所構成，細胞不斷的進行分裂更新。每個細胞擁有 23 組、46 條染色體，製造每一條染色體的是一千～三千個基因。基因則是由稱為 DNA（去氧核酸核酸）的物質所構成的。構成基因的 DNA 有雙重螺旋構造，在細胞分裂時，能夠完全複製 DNA。

但是因為某種原因，重組出錯，或者無法完全複製 DNA 時，基因就會變成缺陷基因，一旦出現紊亂，就會對身體造成不良的影響。

關於癌症的構造，目前還有很多不了解之處。不過根據以往研究的結果，發現癌症是因為 DNA 替換錯誤而引起的疾病。香菸的煙中含有會誘發幾種癌症的物質，而致癌物質就是關鍵所在，並會形成異常的 DNA。

但是通常即使 DNA 替換產生錯誤，也不會立即得癌症。因為即使產生缺陷基因，我們體內也有可以加以遏止的制癌基因，具有殺死因為致癌物質而受損的 DNA 細胞的作用。也就是說，只要制癌基因能夠好好的發揮作用，就不會得癌症。會得癌症，乃是因為制癌基因已經完全消失或遭到破壞的緣故。

（二）呼吸對身體不好嗎？

癌症是正常細胞反覆突變，結果癌基因活化、制癌基因鈍化而引起的疾病。

其關鍵在於各種致癌物質，不過通常大多是活性氧對細胞的 DNA 發揮作用，而引起突變的。

氧是維持我們生存不可或缺的物質。但是氧通過肺進入體內會形成不安定的狀態，從體內物質中奪走電子，或是會經由氧化酵素的作用而變化成自由基，也就是超氧、氫氧自由基等反應性較高的物質，其中之一就是活性氧。人類呼吸時，二％的氧會變成活性氧。活性氧的強大氧化力，會導致細胞膜或基因的 DNA 受損。

人活著就要呼吸，但是呼吸本身卻會損傷細胞，成為引發各種疾病的原因。

使活性氧之害一躍成名的是早產兒視網膜症。早產兒需要足夠的氧，根據以往的醫學常識，必須將早產兒放在保溫箱裡面，送入足夠的氧來加以保護，可結果反而卻出現瞎眼的孩子。

以前《運動會弄壞身體》（加藤邦彥著）這本書掀起話題，其根據就在於活性氧會對身體造成惡劣影響。劇烈運動會提高代謝，當然氧的消耗量也會增加，因此會產生大量活性氧，損傷身體。此外，活性氧也是導致糖尿病的一個原因。

但是活性氧不僅是會對身體作惡而已。當體內有病毒等異物侵入時，免疫機能發揮了作用，白血球想要擊退異物，這時候就需要活性氧。白血球會向異物噴出活性氧，藉此將其殺死。因此它同時也是維持健康的身體不可或缺的物質。

我們的身體具備了幾種消除活性氧的機能（清道夫系統）。細胞內存在著一些去除活性氧的酵素，例如含有錳、銅及鋅的 **SOD**（SOD 酵素是超氧化物歧化酶），含有鐵、錳的過氧化氫酶，含有硒的谷胱甘肽過氧化物酶等。因此，只要是健康的身體，平常輕微的運動並不會使活性氧損傷組織。

（三）鋅蛋白質能夠幫助 DNA 複製

癌症是因細胞突變而發生的疾病，因此只要細胞能夠正常分裂，自然就能夠防止癌症的發生。

細胞分裂時，各種酵素會發揮作用。事實上，對許多酵素的作用而言，不可或缺的就是鋅。鋅會和構成蛋白質的氨基酸結合，具有使得蛋白質構造穩定的作用，同時也是細胞的形成、成長和代謝不可或缺的微量金屬元素之一。

例如，複製塞滿基因的 DNA 的是稱為聚合酶的酵素。這個酵素中含有鋅，一旦缺乏鋅時，就無法發揮作用。此外，當細胞分裂時，複製 DNA 所使用的轉錄活化蛋白質中就含有大量的鋅。而一旦缺乏鋅時，就會使得基因受損，DNA 互換出錯，如此就很容易罹患癌症了。

癌症發生的原因中，與細胞的突變有直接關係的就是活性氧，而能夠去除活性氧的酵素中含有鋅。其代表的就是SOD，這個酵素和鋅具有密不可分的關係。

（編按・SOD 酵素被醫學界稱為「神奇健康的好物」，也被社科學者稱為「人體垃圾的清道夫」，同時也被自然科學界稱為「神奇魔力之酶」。）

分解活性氧的 SOD 不僅能夠防癌，同時也有助於防止老化。目前雖然人類最多只能活到一百歲，但是如果能提高體內的 SOD 的濃度，也許就可以更加長壽。事實上，含有大量 SOD 的動物都較為長壽。這項研究報告顯示，鋅的確是一種「能夠恢復青春的礦物質」。

目前正在開發具有類似 SOD 構造的藥物。維他命中的維他命 C、維他命 E、類胡蘿蔔素（維他命 A 的前驅體）及泛醌等都具有抑制自由基的作用。

二、鋅與糖尿病的關係密切

（一）十人之中就有一人得糖尿病？

一九九七年秋天以二十歲以上、5883 人為對象的調查，經由血液檢查（糖化血紅蛋白）的數值，以各自認為——「強烈疑似糖尿病」、「無法否定有糖尿病的可能性」等各種階段來加以判定。

結果判定「強烈疑似糖尿病」的人，占全體的 8.2%，男女分別來看，男性為 9.8%，女性為 7.2%。

另一方面，以年齡層來看，則六十歲以上為最多，四十歲以上大約十人有一人被醫師診斷出得糖尿病的可能性很高。

糖尿病患者不斷增加的背景，在於飲食生活的變化以及運動不足。糖尿病只要早期發現、進行適當治療，就能夠防止併發症。但是因為沒有自覺症狀，故可能會怠忽治療，或在中途中斷治療，結果造成無法挽回的危險性。

事實上，根據調查，「強烈疑似糖尿病」的人當中，接受治療的人只有 45%，沒有接受治療的人當中，「經由健診指出異常，但未接受治療」者為 9.1%，而「中斷治療」者為 7.1%。

至於「無法否定有糖尿病的可能性」，也就是可能得糖尿病的人，要盡早接受醫師的診斷，以食物療法和運動療法為基本來改善生活習慣。

（二）糖尿病的可怕併發症

所謂糖尿病，就是由胰臟分泌的糖代謝所需的「胰島素」荷爾蒙的作用不足而引起的疾病。

我們的身體，是以經由食物攝取進入到血液中的葡萄糖（血糖）為主要的熱量源，負責維持生命，進行每天的活動。除了腦之外，葡萄糖也被吸收到各種細胞之內，尤其是被吸收到肝臟、肌肉、脂肪細胞中時，不可或缺的物質就是胰島素。

糖尿病是因為胰島素的作用不足，而在血液中殘留大量的糖，尿中出現大量糖的疾病。同時在體內葡萄糖無法順暢的被利用掉，因此體力衰退。但是不僅是糖代謝，也會對脂肪代謝或氨基酸代謝等造成極大的影響，因此會引起各種的毛病。

糖尿病大致可分為兩種，一種是胰臟無法製造出胰島素，因此無法分泌出胰島素，另一種是雖然能夠分泌胰島素，但無法發揮作用。前者稱為胰島素依賴型，後者稱為非胰島素依賴型。國內的糖尿病患者，大多是屬於胰島素非依賴型，雖然和遺傳有關，但較大的原因是吃得太多造成的肥胖或壓力等生活習慣。

糖尿病最可怕之處是，一旦罹患糖尿病就不易治癒，而且會引起動脈硬化或高血壓等各種併發症。結果也會成為心肌梗塞或腦梗塞的關鍵原因，而眼底（眼球深處內面）的動脈破裂，引起視力障礙的例子也不少。事實上，因為糖尿病併發症的糖尿病性視網膜症，每年大約導致五千人失明。此外，腎臟的毛細血管受損，腎功能減退，引起腎功能不全症，因糖尿病導致的腎臟障礙而必須接受人工透析（洗腎）的人，占全部所有透析患者的三分之一。此外，也很容易得感染症和形成牙周病，而香港腳等疾病也不容易痊癒。罹患這些併發症的人，大部分都是缺乏鋅。

糖尿病最糟糕的情形是可能會導致死亡，是非常可怕的疾病。治療法是以食物療法和運動療法為基本，但是如果無效時，就必須投與降血糖劑與胰島素。此外，最近發現微量元素之一的釩（音凡），具有類似胰島素的作用，因此目前正在究能否當成糖尿病藥物來使用。

（三）食物療法的缺點

罹患糖尿病之後，尿中會出現大量的糖。也就是說，體內的糖無法被順暢吸收。從細胞的觀點來看，這就是一種細胞無法吸收糖的疾病。

當血液中的糖分較多的時候，健康的細胞會打算吸收糖，而能夠幫助將糖吸收到細胞內的，就是由胰臟所分泌的胰島素這種荷爾蒙。

製造這個胰島素時所不可或缺的物質就是鋅。胰島素中含鋅，人體一旦缺乏鋅，就無法製造出胰島素來。因此，胰臟的鋅一旦不夠的話，胰島素就無法足夠地分泌出來，這時罹患糖尿病也就無可避免了。

此外，鋅不僅是製造胰島素所需的物質，在體內也具有使胰島素功能持久的效果。由胰臟分泌的胰島素在到達細胞為止，以及從血液中吸收糖的時候，鋅都具有很重要的作用。

也就是說，如果不想罹患糖尿病，就要確保鋅的攝取量，而在治療時為避免症狀惡化，就更要積極地攝取鋅。

但是糖尿病患者在進行飲食限制的治療時，鋅的攝取量反而減少的例子並不少。事實上，由於各大醫院的糖尿病食嚴格限制熱量，因而造成鋅攝取不足。這乃是根據我們的研究而得知的事實。關於這一點，醫師和營養師目前似乎都還沒有充分的認識。

熱量攝取過剩而導致肥胖，是罹患糖尿病的一大原因，雖然需要限制飲食，但也要注意飲食中不可以缺乏鋅。

三、遏止白內障或黃斑變性進行的鋅

（一）要治療白內障必須一併攝取維他命 C

白內障是相當於透鏡作用的晶狀體變白、混濁，看東西看不清楚的疾病。大多在五十歲以後出現的白內障，是我國代表性的老人病之一。

晶狀體混濁嚴重時，視力減退，對日常生活造成妨礙，放任不管可能會失明。但是現在的手術進步了，幾乎都能夠輕易的加以治癒。尤其是使用超音波的晶狀體吸引術，手術成績飛躍提升，手術之後只要插入人工晶狀體，就不需要戴像以前那樣度數太高的眼鏡了。

晶狀體白濁，是因為晶狀體中的蛋白質變性造成的。而鋅能夠有效的防止白內障的蛋白質變性作用。晶狀體原本就含有豐富的鋅酵素碳酸脫氫酶，其功能和鋅有相當密切的關係。因此只要充分攝取鋅，就能預防白內障，即使已經罹患白內障，也能遏止其進行。

目前對於初期白內障患者，是使用和鋅同樣的具有抑制蛋白質氧化作用的維他命 C 的藥物療法，而如果能夠同時充分攝取鋅，應該就更能提高效果。

（二）可以用來治療黃斑變性

高齡者較常出現的眼睛疾病還包括黃斑變性。我們看東西的時候，晶狀體會自動調節厚度，使在視網膜的中央窩（黃斑部的凹部）結像，如此才能看清楚物體。但高齡者視網膜結像的部分變性，因此看不清楚物體。這是一種原因不明、很麻煩的疾病，但是血液中鋅減少的人只要服用鋅，就能夠遏止這種疾病的進行。

四、鋅也可以治好夜盲症

（一）使用維他命 A 和鋅比較有效

從亮處轉到暗處時會突然什麼都看不清楚。通常要慢慢習慣黑暗後，才可以看清楚周遭一切。有的人眼睛要習慣黑暗需要花較長的時間，這就是夜盲症。

有夜盲症的人在暗處看東西，需要比普通人多出一百倍以上的光亮。因此開車進入隧道時，或是傍晚天色微暗時會一下子看不清楚東西，對日常生活很不方便。

提到夜盲症，一般人想到的是維他命 A，大家都知道夜盲症和維他命 A 的關係。視網膜這個眼中感光部分的細胞需要使用大量的維他命 A，因此缺乏維他命 A，就會得夜盲症。也就是說，缺乏維他命 A，就無法製造出能夠感光的物質。

但是根據最近的研究，不僅是維他命 A，鋅和夜盲症也有密切的關係。鋅能夠提高視網膜中感光細胞的代謝作用，同時也能幫助維他命 A 的代謝作用。所以只要一併攝取維他命 A 和鋅，就能夠有效防止夜盲症。

要治療夜盲症，當然要攝取維他命 A，但是同時也別忘記，一定要攝取鋅。

五、缺乏鋅會導致憂鬱症

（一）輕微的心病

心情低落，變得憂鬱，慾望減退，缺乏幹勁——這就是典型的憂鬱症症狀。病情惡化時，對任何事物幾乎都抱持悲觀的想法，有時甚至會認為自己連累了眾人而覺得很抱歉，一心想要尋死。

近年來，上班族或 OL 罹患這種疾病的人數日漸增加。堪稱心病的憂鬱症，不論是企業或當事人都有忽視的傾向。即使不是真正的憂鬱症，但是因為壓力等的影響而失去幹勁，產生無力感，出現輕微的憂鬱症狀態的人，女性大約每三人中有一人，男性則大約為一半。出現輕微憂鬱狀態的人的特徵，並非是精神上的情緒低落，而是容易疲倦，早上起不來，頭痛、肩膀痠痛、便祕，會出現較多生理方面的症狀。別名「假性憂鬱症」。

當事人可能會認為是睡眠不足或疲勞積存，沒有察覺到是憂鬱症。而且就算到醫院做檢查，也是身體無異常，很難被發現，所以容易忽略掉憂鬱症的徵兆。

然而憂鬱症持續下去，會對體溫和血壓等保持身體恆常性的機能造成影響。事實上，得憂鬱的人經常會出現胃潰瘍、十二指腸潰瘍，或是高血壓症、氣喘等內科方面的疾病。

（二）鋅能使腦活化

憂鬱症是調節情緒或慾望的腦的機能減退，神經細胞間的刺激傳遞質無法順暢進行而產生的疾病。

神經細胞間的傳達刺激，是藉著從細胞深處的神經纖維末端釋出的各種刺激傳遞質，陸續傳達到其他細胞的神經纖維來進行傳達的。

要使細胞間的刺激傳遞質的傳達能夠正常進行，則鋅發揮很重要的作用。缺乏鋅時，無法製造出合成刺激傳遞質的酵素，細胞間的刺激傳達便無法順暢的進行。事實上，憂鬱症的引發關鍵乃是——刺激傳遞質中的血清素和降腎上腺素減少而造成的。

罹患鋅缺乏症的人當中，有很多人缺乏活力或表情。由此可知，鋅是保持神經傳遞能力所不可或缺的物質，應該也具有預防及治療憂鬱症的效果。其證明就是，只要投與鋅就能治癒這些症狀。

腦有特別含有鋅的神經纖維，廣泛分布於大腦皮質的海馬、松果腺及眼睛的網膜等處。此外，也存在著含有大量的鋅的金屬巰基組氨酸三甲基內鹽這種蛋白質。出現阿茲海默症、肌肉萎縮性側索硬化症、多發性硬化症、精神分裂症、唐氏症等各種腦部疾病時，腦中鋅的含量就會出現各種變化。

海馬到底具有何種作用，目前還有很多不明白之處，根據最近的研究發現，它具有掌管記憶的重要作用。而要使海馬正常運作就需要使用大量的鋅。也就是說，鋅是維持記憶及學習能力不可或缺的微量元素。至於容易健忘等症狀，則和缺乏鋅也有很密切的關係。

六、鋅能夠防止動脈硬化

（一）調整膽固醇的作用

動脈硬化不僅是狹心症或心肌梗塞的原因，同時也是高血壓或腦中風的原因。由這層意義來看，防止動脈硬化乃是預防成人病的第一步。

動脈硬化就是血管變硬的疾病，其原因是 LDL（低比重脂蛋白）這種壞膽固醇為非作歹造成的。我們所說的膽固醇有好有壞，其中壞膽固醇附著於血管內壁，會產生活性氧，使得血管老化、變硬。如前所述，鋅是製造去除活性氧的 SOD 酵素不可或缺的元素，所以從防止動脈硬化的觀點來看，也能夠產生很好的效果。

雖然目前還有很多不明白之處，但是要製造出調節血液中血壓的酵素也需要鋅。所以攝取足夠的鋅，對防止動脈硬化而言非常重要。

第 5 章

出現這些症狀時
您就要趕快補充鋅了！

一、肌膚乾燥的情況很嚴重

（一）與維他命不同的美肌效果

肌膚缺乏光澤，乾燥嚴重，奇癢無比——對女性而言，肌膚的煩惱乃是一大問題。要保持美麗的肌膚，則擁有充足的睡眠、過規律的生活是最重要的，抽菸、喝酒、壓力等都會對肌膚造成不良的影響。

大家都知道，對肌膚很好的營養素是維他命 C。維他命 C 能夠抑制黑色素的發生。黑色素是皮膚中原本無色的黑素原物質變色為褐色而形成的，沈著在皮膚中會成為斑點、雀斑的原因。而攝取大量的維他命 C，就能夠遏止斑點、雀斑的形成。

此外，維他命 A 可給予肌膚適度的滋潤與彈性，保持皮膚及黏膜正常作用，而維他命 E 則是皮膚新陳代謝不可或缺的物質。

但是對於肌膚效果良好的不是只有維他命而已，礦物質當中也有保持美肌不可或缺的礦物質，那就是鋅。

鋅是體內各種「酵素」的成分。酵素在體內是幫助化學反應的物質。在我們體內會引起各種化學反應，其中之一就是細胞的「分裂」與「再生」。一個細胞分裂，變成兩個細胞，需要製造出新的基因或蛋白質，這時會旺盛的產生化學反應。而缺乏鋅的時候，這些化學反應就無法順暢的進行了。

例如，皮膚老舊就會成為污垢，自然脫落。這時在老舊的皮膚之下會製造出新的皮膚。如果這時無法順暢的進行細胞的分裂或再生，那麼，會變成什麼情況呢？老舊的皮膚無法被新的皮膚所取代，無法剝落，長期停留在表面，就會造成肌膚乾燥的狀態。

鋅是黑色素代謝的重要物質。維他命 C 具有防止黑色素沈著於皮膚中的作用，但是無法去除已經形成的斑點或雀斑。可是只要攝取大量的鋅就能夠使得皮膚的新陳代謝旺盛的進行，加速細胞的更新，因此有助於去除斑點或雀斑。

（二）使皮膚的新陳代謝旺盛

一旦缺乏鋅，就無法製造出新的皮膚來，因此無法保持良好的肌膚狀態。肌膚變得乾燥，有時老舊的皮膚還會積存在皮膚表面，沒有辦法剝落。

而且皮膚在體內是新陳代謝旺盛的組織之一，必須陸續製造出新的細胞來，很必然的就需要使用大量的鋅。所以缺乏鋅時，很容易就會引起肌膚的問題。缺乏鋅會引起各種症狀，而其中肌膚正是比較容易會出現症狀的場所。

缺乏鋅和皮膚的密切關係，在專家之間最熟悉的就是——「先天性腸性肢端皮膚炎」這種疾病。這是天生腸無法吸收鋅的疾病，這種人容易罹患皮膚炎。此外，老年人或住院患者一旦缺乏鋅，就很容易會引起褥瘡。

還有，地中海型禿頭症、乾癬（一種皮膚病）或異位性皮膚炎的原因之一也正是缺乏鋅。

菸抽得過多、酒喝得過多、壓力過多，會大量消耗掉體內的鋅，結果也會導致缺乏鋅。即使睡眠充足、注意飲食，但是抽菸、喝酒、積存壓力，就會使得美肌所需要的鋅被大量消耗殆盡。菸、酒、壓力對肌膚不好的理由，事實上和鋅也有著十分密切的關係。

如果最近感覺到肌膚狀況不佳，就可能是缺乏鋅了。

二、指甲的變形、變色

（一）經常檢查指甲可得知是否缺乏鋅

與皮膚同樣的，缺乏鋅的症狀會出現在指甲上，指甲可能會變形、變色。

指甲是在皮膚表面的細胞層，與表皮同樣的，是由角質細胞構成的。角質細胞含有很多的角蛋白，一旦缺乏鋅時，蛋白質的合成就無法順暢進行，指甲會長得很慢。此外，就算長長，也很容易斷裂或出現很多直紋。

指甲異常的疾病是克龍凱特加拿大症候群，也就是大腸出現息肉的疾病。罹患這種疾病時，腸吸收鋅的能力減退，會出現味覺障礙或皮膚異常等現象，同時指甲發黑，半月（指甲根部半月型的部分）消失。此即顯示了鋅對指甲有很大的影響。

鋅的攝取是否足夠，只要看指甲的狀態就能輕易判斷。

您的指甲狀態如何呢？是否顏色異常或變形呢？要經常檢查指甲喲！

三、掉髮較多

（一）頭髮是健康的指標

電視上經常播放植髮或假髮的廣告，在超市或藥局也會看到各種的生髮劑。頭髮稀疏的人的煩惱，比一般人所想像的還更為嚴重。

最近不僅是男性，甚至連女性也有掉髮的煩惱。可以看到底肌，甚至頭髮分線處變得非常稀疏，教人感到相當不安。女性進入社會，承受壓力，出現地中海型禿頭症的人也日益增加了。

頭髮大約有十萬根，會反覆三個週期。成長期為數年，退化期為二～三週，休止期為幾個月。整體而言，85％都是成長期的毛髮，而休止期的毛髮一天大約會掉六十根。

毛是由毛球中的毛母製造出來的，新的毛的組織會將先前製造出來的毛的組織向上推擠而不斷成長。因此頭髮的生長速度一個月約為一公分，距離髮根幾公分處則是數個月前製造出來的毛髮。

占毛大部分的毛皮質，是由角蛋白這種纖維蛋白所構成，含有大量的硫。在毛母形成角蛋白的時候，角蛋白分子內的胱氨酸會吸收血液中的微量元素。藉著胱氨酸的作用，毛中的微量元素濃度為血液或尿中的十倍以上。因此，毛是微量元素的排泄器官，可以藉此知道必須微量元素的營養狀態，或是有害元素的吸收狀態。

但是根據我們的研究，兒童的毛髮是調查微量元素的營養狀態非常好的試驗品，我建議學校保健方面應該要充分活用。

（二）在體內進行的「裁員」

在此要介紹兩種與毛髮有關的微量元素。

一種是鋅。缺乏鋅時，細胞分裂與再生就無法順暢的進行。而由頭皮細胞製造出來的毛髮也不例外。

成長期的毛髮一個月大約會長 1～1.5 公分，對於毛根（正確說法是毛球）的營養會產生敏感反應。毛根含有很多的鋅，當對於毛根的鋅補給不足時，毛的成長就會變得遲緩。

海中海型禿頭症等症狀，很多是因為壓力造成的，但是如果覺得整個頭部的掉髮增多，則可能是因為缺乏鋅而使得掉髮情形變得愈來愈嚴重。

缺乏鋅時，毛髮的品質不良。用顯微鏡觀察，會發現毛髮的表面是由鱗片狀的物質所覆蓋，具有保護毛髮避免摩擦受損的作用，一般稱為毛鱗片（毛小皮）。如果缺乏鋅，就無法順暢的製造出這個部分，因此頭髮也很容易就斷裂了。

如果某一段期間不吃東西，或是因為慢性下痢等而缺乏鋅時，則在這段期間內，頭髮會變細、變得脆弱。缺乏鋅的人，不僅時常掉頭髮，甚至梳頭髮時頭髮也很容易斷裂。

頭髮具有保護頭皮免於強烈陽光或撞擊的傷害。這的確是非常重要的作用，但是與保護心臟等內臟的作用相比，不得不說這是非常輕微的作用。因為它不會危及生命。可是缺乏鋅時，這個部分卻是最容易受到影響的。

在體內因為鋅不足而受到最大的影響就是頭髮。

此外，頭髮的顏色和鋅也有很密切的關係。

頭髮的顏色是藉著黑色素的量來改變的。如果黑色素較多，則黑色的毛髮也較多，如果黑色素較少，就會變成金髮。鋅的含量也一樣，鋅的量以黑的毛髮最多，金色的毛髮最少。由此可知鋅和製造黑色素也有關。

和毛髮有密切關係的另一種微量元素就是銅。

就是腸的銅吸收障礙和缺乏銅酵素而引起的遺傳性疾病。頭髮捲曲形成念珠狀，或是給人短而乾燥的感覺，顏色較淡。這就是因為製造黑色素所使用的酵素需要銅，可能是因為生了這種缺乏銅的病所以才會造成這種情況。無法充分製造出黑色素時，頭髮的顏色就會比較淡。

四、割傷很難痊癒

（一）以前治療外傷的藥也含有鋅

我們的身體一旦受傷或動手術，立刻會製造出新的細胞，補強患部組織。但是如果無法供給足夠的鋅，則這個身體修補作業的效果就會產生極大的差距。

例如，刀子割傷手指時，受傷的部分會旺盛的進行細胞的分裂與再生，還要進行細胞與細胞接著的膠原蛋白合成的作用。這時就必須使用大量的鋅。如缺乏鋅，傷口的癒合就會比較遲緩。傷口在修復時，利用維他命 C 能夠幫助蛋白質的生成，但是鋅也具有樣的作用。

在美國使用鋅的輔助食品，發現傷口治癒的速度約縮短了三倍。這個實驗報告同時指出，接受相同種類手術的患者，飲用鋅的健康輔助食品的患者比沒有飲用的患者，傷口的痊癒更為迅速。

因此，外傷治療藥中含有鋅的軟膏，自古以來就被廣泛加以使用，直接塗抹於患部，就能使傷口迅速癒合。下次如果有機會購買外傷治療藥，請看一下說明書上的成分標示，其中一定含有鋅。

燒燙傷也是同樣的情況。燙傷時會出現水泡，這個部分會有大量的鋅聚集。為了治好燙傷，會旺盛的進行細胞分裂與再生，同時會消耗大量的鋅。在燙傷之後，血液中鋅的量會減少為三分之一，其理由就在於此。

因此，在燙傷或出現褥瘡時，只要大量的攝取鋅，就能夠迅速痊癒。尤其如果同時大量的攝取維他命 C，就更能夠促使傷口更快癒合了。

也就是說，受傷或燒燙傷卻很難痊癒時，很可能就是缺乏鋅了。

胃潰瘍是胃黏膜受傷。使用肌鬭鋅藥粉，可以附著於胃潰瘍的傷口表面，治好胃潰瘍。而利用這種藥粉治療，據說也能使胃癌的原因菌「幽門桿菌」消失，具有非常好的效果。

五、經常出現起立性暈眩

（一）不斷的運來二氧化碳

突然站起來或是一口氣爬樓梯時，會覺得眼前頓時發黑——相信很多人都曾有過這樣的經驗。

引起這種起立性眩暈的原因有好幾種，而最多的就是貧血。貧血的情形女性比男性更多見，而且都是缺鐵造成的，也就是所謂的「缺鐵性貧血」。缺鐵容易引起貧血，是因為紅血球中運送氧的「血紅蛋白」需要鐵。

血紅蛋白負責將由肺接收到的氧，透過血管運送到體內細胞工作，這時發揮重要功用的就是鐵。一旦缺鐵，血紅蛋白就無法充分的運送氧，身體組織於是形成缺氧狀態，結果就會出現起立性眩暈的現象。

另一方面，體內細胞會燃燒血紅蛋白送來的氧，釋出二氧化碳。二氧化碳由紅血球運送到肺，以呼吸的方式排出體外。細胞接受二氧化碳送到肺的時候，除了血紅蛋白之外，還需要使用其他的酵素，而這些酵素中含有許多的鋅。也就是說，缺乏鋅時，紅血球就無法順暢接受來自於細胞不需要的二氧化碳，因此氧和二氧化碳的交換就無法順暢的進行了。

缺乏鋅時，雖然不會立刻出現起立性眩暈的現象，但是卻會引起貧血。

六、眼睛容易疲勞

（一）使眼睛的神經傳遞順暢進行

對眼睛好的營養素到底是什麼呢？

很多人想到的大概是維他命 A 吧！的確，維他命 A 是「眼睛的維他命」，是健康的眼睛不可或缺的維他命。經常使用電腦或文字處理機的人，容易出現眼睛疲勞的現象。包括淚液分泌不足的症狀，也就是乾眼症在內，使用維他命 A 非常有效。另外像第四章談及的夜盲症，也是因為缺乏維他命 A，才會產生這種症狀。

但是眼睛所需要的營養素不只是維他命 A，鋅對於眼睛而言也是不可或缺的營養素之一。這是因為眼中的視網膜這個感覺來自於外界的光的部分需要使用大量的鋅。缺乏鋅時，會出現類似夜盲症的症狀，就是因為眼睛的感光能力減弱，結果導致眼睛容易疲勞的緣故。

此外，眼睛是神經組織之一。鋅是和中樞神經系統的機能有關的微量元素。缺乏鋅時，神經傳遞無法順利的進行，因此缺乏鋅時，眼睛也無法順暢的發揮作用，東西看不清楚。拼命使用功能遲鈍的神經看東西，眼睛當然就會容易疲倦了。

基於同樣的理由，缺乏鋅也會使得聽覺和嗅覺遲鈍。我們人類有稱為五感的視覺、聽覺、嗅覺、味覺、觸覺，還有平衡感覺，充分使用這些感覺，才能將各種情報由外界吸收進來。缺乏鋅時，這些特殊感覺，也就是五種感覺（味覺、視覺、聽覺、平衡感覺、嗅覺）都有可能會變得遲鈍。以這樣的方式生活，自然會造成各種的不方便。所以如果要讓五感能夠隨時發揮正常的作用，就不能夠缺乏鋅。

七、不勝酒力

（一）幫助乙醇脫氫酶的作用

最近連女性在外面喝酒應酬的機會都日益增加了，甚至有很多女性的酒量一點也不輸男性。

喜歡喝酒的人大多很會喝酒，喝再多也面不改色。在我周圍有不少嗜酒的人士，就算喝了很長的時間，也不會喝醉。

但是最近我卻經常聽到他們說：

「最近好像不勝酒力。」

一般人隨著年齡的增長都會變得不勝酒力。但是原本很會喝酒的人突然變得容易喝醉，或是酒意到第二天還無法去除，這可能就是缺乏鋅。

進入體內的乙醇被運到肝臟分解，這時就需要酵素。這個酵素是「乙醇脫氫酶」。很會喝酒的人，其體內擁有很多這種酵素，所以即使喝了大量的酒，只要藉著乙醇脫氫酶迅速分解乙醇，就不會酒醉了。白種人的老外他們很會喝酒，這是他們天生體內就有很多的乙醇脫氫酶的緣故，而黃種人的這種酵素就比較少了。

事實上，如果沒有鋅，乙醇脫氫酶也就無法發揮作用，因此一旦缺乏鋅，就容易喝醉或宿醉。

另外，有些人原本是很會喝酒的酒國英雄，但最近卻變得不勝酒力的人，有可能是缺乏鋅。

此外，除了乙醇脫氫酶之外，大量喝酒還會消耗掉體內大量的鋅，結果就更容易缺乏鋅。所以經常喝酒的人，平常就要注意避免缺乏鋅的飲食。喝酒時，也要以鋅含量豐富的食物為下酒菜來攝取。

八、精力衰退

（一）鋅在美國被稱為「性礦物質」

性能力的強弱從外觀看不出來。有些肌肉壯碩的人不見得擁有很強的性能，相反的，看起來瘦弱的人也不見得性能力就很弱。通常，隨著年齡的增長，性能也會隨之衰弱，這是無可奈何的事情。但是有時因為壓力也可能會使精力減退。

精力減退是伴隨老化和壓力的症狀之一，不單是性的問題，也會對生活規律或精神面造成影響，尤其在青年期、壯年期更會發展成嚴重的問題。

精力減退與各種礦物質有關，而其中具有密切關係的就是鋅。鋅在人體內，存在於肌肉、骨骼、肝臟中，此外，在精巢和前列腺等性腺中含量也很多。精巢會合成掌管性慾等的一種男性荷爾蒙睪丸素，也會製造出精子來。而鋅與男性荷爾蒙或精子的製造都有很密切的關係。

因此，鋅又被稱為「男性的金屬」，一旦缺乏鋅，就有可能出現陽痿等生殖能力減退的現象。

此外，壓力也是導致體內的鋅大量消耗的原因。因為壓力而導致精力減退，這和缺乏鋅當然很有關。

性能力減弱或精力減退的人，更要積極的攝取鋅。

在美國，將鋅視為是對健康而言不可或缺的物質，也將其視為「性礦物質」。在藥局販賣著各種以鋅為主的錠劑，非常暢銷。此外，綜合營養劑中也都含有鋅。

精力不僅是男性的問題，在女性方面，女性的合成荷爾蒙與鋅也有很密切的關係。卵巢含有大量的鋅，所以對女性而言，要維持正常的生殖活動，鋅也是不可或缺的物質。

也許女性不應該用精力的說法，但是如果缺乏鋅時，也會和男性一樣出現精力減退的現象。

九、沒有生理

（一）不使用藥物就能治好生理不順的現象

有一名女性某日吃東西時覺得味道較淡，因此到醫院去接受了治療。

先利用濾紙檢查法檢查味覺，發現症狀惡化嚴重，勉勉強 5 的階段，才能夠產生反應。在這種情況下，難怪吃再美味的東西都會覺得索然無味。

她的工作很忙碌，持續過著不規律的生活，不吃早餐，白天只吃御飯糰或漢堡，晚上則吃便利商店的便當。這樣當然會缺乏鋅。此外，可能也缺乏其他的維他命和礦物質。

之所以認為可能缺乏鋅，是因為她的症狀除了味覺障礙之外，還有疲勞感，生理不順。尤其生理不順的情形很嚴重，到婦科接受治療，但並未改善。如果不注射或服用藥物，生理期根本就不會來。

於是，醫生針對對她進行飲食的改善治療，同時讓她服用鋅輔助食品。一個月之後——再度檢查她的味覺時，結果已接近正常的狀態，後來，連去看婦科也無法改善的生理現象都治好了。

她感到非常的驚訝，這同時也說明了鋅的效果非常顯著。

十、沒有食慾

（一）傳達「肚子餓」的訊息

缺乏鋅的人，有的人根本不會想要吃東西。

其理由就是，鋅是和中樞神經的機能有密切關係的微量元素，在各種的神經與腦的結合上具有重要的作用，一旦缺乏鋅，則來自於各器官的情報就無法順暢的傳達到腦。

因此，肚子餓或肚子吃飽等感覺-旦遲鈍，就無法出現食慾。一旦缺乏鋅，則做任何事都沒有幹勁，容易出現憂鬱狀態，同時也沒有了食慾。

此外，鋅缺乏症的人，其喪失食慾則與味覺也有關。一旦缺乏鋅，就會引起味覺障礙，任何東西都覺得不好吃，結果當然就會失去食慾。

十一、容易健忘

（一）缺乏鋅會使記憶力遲鈍

經常在電視節目中看到的演員，卻想不起對方的名字。明明是知名人士，卻忘了他叫什麼。外出時想要打電話回家，結果卻想不出自己家裡的電話號碼——甚至連這種事情都發生了。記憶力衰退的狀況非常明顯，連自己都感到很驚訝。與精力同樣的，記憶力會隨著年齡的增長而衰退。這是因為隨著年齡的增長，腦的功能減退而造成的，這原是無可奈何之事。

可腦細胞是對營養不足最容易產生敏感反應的部分。例如，缺乏鋅的時候，腦細胞的功能就變得遲鈍。尤其是掌管記憶的海馬部分含有大量的鋅，一旦缺乏鋅時，記憶力就會整個衰退。

此外，為了為了避免記憶力衰退，就要經常給予腦細胞刺激。腦細胞愈使用，愈能提高能力。腦細胞之間相連的神經纖維，可以藉著使用頭腦而形成傳達命令的構造，建立的網路範圍愈大，就愈能增強記憶力。而鋅即有助於使這些神經細胞的功能活絡。

鋅是我們保持記憶力不可或缺的物質，就防止腦老化的觀點來看，它也具有很重要的作用。

最近在醫學界正掀起的一大問題——阿茲海默症，鋅對此應該也能造成一些影響，唯目前還在研究當中。

十二、容易焦躁

（一）幫助鈣的作用

焦躁的原因是缺乏鈣。

鈣與所有的生命現象都有關，當細胞受到刺激時，鈣會自動由血液中進入細胞內，使得各種酵素活化，產生對於刺激的反應。一旦缺乏鈣時，將無法抑肌肉和神經的興奮，無法維持神經和腦的正常機能。此外，精神上也比較容易焦躁，有時還會出現被害妄想。

但是如果好好攝取鈣，是否就能抑制這些症狀呢？事實上也不是如此。例如，鈣進入細胞內的時候需要鋅，因此唯有同時攝取鈣和鋅，才能夠防止焦躁。

缺乏鈣時，焦躁會增強的知識已經廣泛滲透到一般大眾的心中了，最近很多人會敏感的攝取鈣。在超市或便利商店的架子上也會看到很多含有鈣的飲料或點心。

但鋅卻容易被忽略掉。就算充分攝取鈣，可是如果缺乏鋅，情緒還是不穩定。

（二）缺乏礦物質產生不良少年？

最近青少年的不良行為或犯罪成為嚴重的社會問題。包括家庭暴力、校園暴力在內，欺負、恐嚇事件頻傳。

尤其最近，看起來普通的孩子，卻會做出一些舉世震驚的事情，這樣的例子不停的在增加。為什麼孩子們那麼容易「暴躁」呢？

可能是要上補習班、要應付考試使得他們焦躁吧！不過，我認為飲食生活也有很大的關係。

不吃早餐，而且午餐也只靠著麵包或泡麵打發一餐的孩子愈來愈多了。從補習班下課之後，就拼命的喝清涼飲料或吃零食，學校的營養午餐成為唯一的正餐。

這樣的飲食生活導致砂糖、脂肪、鹽分和磷攝取過剩。雖然熱量足夠，感覺到滿腹感，但是缺乏含有維他命或礦物質的蔬菜和水果。缺乏維他命 B 群、鈣、鋅時，學習能力會減退，並且顯得焦躁、靜不下來。此外，食物纖維不足會引起便祕。這些對於身心造成的害處實在不小。

雖然不能夠一概而論，但是動不動就生氣，或是無法抑制興奮，會展現異常凶暴行為的孩子，我想和維他命或礦物質的不足應該有關吧！

砂糖攝取太多時，胰島素會過剩分泌，四、五個小時之後反而會出現低血糖狀態，頭暈、發冷、發汗、焦躁、心悸、缺乏集中力等現象，無法好好工作或讀書。在大量的分泌胰島素時，同時也會釋放出攻擊性的荷爾蒙腎上腺素，因此很容易形成暴躁的狀態。

十三、容易疲倦

（一）「老化」並不等於「年紀大」

身體容易疲倦，是表示身體各種機能已經開始衰退了。簡單的說，就是一種老化現象。但是老化現象不見得就是年紀大之後肉體的老化現象。有些人雖然是高齡者，卻擁有年輕的肉體，有些人雖然年輕，可是有的卻是老化的肉體。

另外，經常感覺十分容易疲勞的原因是熬夜或失眠，此外有些人會利用休假時好好補眠，結果反而搞亂了生理時鐘，產生了無論睡多久，都越睡越疲勞的現象。

因此，每天養成固定睡 7～8 個小時，才能保持充足的精神狀況，醫學心理專家研究還發現失眠睡不足也會因為焦慮而產生憂鬱症，因此對於睡眠的問題，實在不能輕忽。

然而，這個差距究竟從何而來？

鋅在人體內究竟具有何種作用，目前還有很多不了解之處，但到底是注意到了鋅是植物成長不可或缺的物質。植物不像動物，不會拼命的活動，在某個土地上生根，只能夠從這片土地攝取營養。如果這片土地上維持生命的必要成分不足或是完全沒有，植物就會延遲成長，甚至枯死。

經過各種實驗發現，如果土壤中缺乏鋅，則植物的生長會顯著延遲。而且不僅是抑制成長，甚至會加速枯萎。也就是說，缺乏鋅，會迅速的導致老化。做動物實驗也發現同樣的事實。因此我們的身體一旦缺乏鋅，就會招致老化迅速到來。

當然，光是攝取鋅並不能防止老化，不過，缺乏鋅的確會加速老化。其理由就是前述的鋅與細胞的分裂和再生有很密切的關係。

年紀不大卻容易疲勞，往往就是因為缺乏鋅的緣故。

最近從事像馬拉松等劇烈運動的選手，其身體的疲勞與鋅也大有關係。

鋅會隨著汗大量排出，運動選手中有很多處於缺乏鋅狀態的人。他們肌肉中的鋅含量和疲勞強度也都有密切的關係。肌肉中的鋅減少時，肌肉的收縮力減弱。鋅減少時，腎上腺皮質的作用和免疫力減弱，疲勞度就會增強。

所以持續劇烈運動和持續勞動的人很容易老化，其原因之一就在於缺乏鋅。

十四、容易感冒

（一）提高免疫機能，擊退病毒

感冒是因為病毒感染而引起的。也就是說，容易感冒就表示身體的免疫機能已經減退了。

相信大家都聽過免疫這個名詞，是一旦罹患過的疾病就不容易再罹患的意思。像我們在孩提時代罹患過麻疹之後就不會再罹患第二次，這就表示永久免疫。

其構造說明如下——病原菌進入我們的體內，這時我們的身體會將其視為抗原，也就是異物。同時這個情報被傳達到「T 細胞」與「B 細胞」這兩種淋巴球中，對於這個抗原製造出抗體來。而且這個情報會記憶在淋巴球的一部分細胞（記憶 T 細胞）中，等到下一次同樣的抗原侵入時，這一次的抗體就能迅速加以應付。因此就不會再罹患相同的疾病了。

這個理論似乎有點艱澀，總之，當病原菌侵入身體時，T 細胞與 B 細胞會發出指令，製造出擊退抗原的抗體。

事實上，這時鋅就扮演著相當重要的角色。一旦缺乏鋅，堪稱免疫機能司令塔的 T 細胞就無法順暢的發揮作用。

T 細胞是由胸腺所製造出來的，一旦缺乏鋅，胸腺就會萎縮，T 細胞也就無法分化、增殖為發揮各種作用的免疫細胞。

T 細胞無法順暢發揮作用時，免疫機能減退，身體就無法擊退細菌或病毒，因此很容易感冒。而且不僅是感冒，也很容易得各種感染症。

缺乏鋅容易感冒的理由就在於此。

此外，T 細胞無法發揮作用時，就無法製造出免疫抗體，因此有可能再三罹患同樣的疾病。

要保護身體免於細菌或病毒的傷害，平常就必須要注意飲食，攝取足夠的鋅。

第 6 章

在生活中攝取鋅必須注意的事項與方法！

一、基本上要從食物中攝取鋅

（一）偏食會引起礦物質缺乏

礦物質是元素，在體內無法製造出來。鋅等人體所需要的礦物質，全都必須由我們每天所攝取的食物中吸收。但是現在的飲食生活很難攝取到礦物質。前面提過，土壤中缺乏礦物質，結果食品中的礦物質也減少了。因此就算是打算從食品中攝取礦物質，但實際上卻是無法充分獲取的。

以上的問題再加上以速食品或加工食品為主的飲食生活，更會導致礦物質缺乏。食品在加工過程中，礦物質銳減。此外，不少的食品添加物會抑制礦物質的吸收，或是在體內吸收之後，會吸收體內的鋅，並將其迅速排出體外。

例如，清涼飲料或魚板等煉製品，幾乎所有的加工食品都會使用 EDTA（乙二胺四乙酸）等食品添加物，這些物質和食品一起被腸吸收之後，會奪走體內的鋅，將其排出。食品中所含的鋅原本就很少，若再大量攝取使用這些食品添加物的食品之後，就更容易造成鋅的缺乏了。

年輕人味覺障礙的情形日益增加，當然是因為這些飲食的偏差而造成的。有方便的自動販賣機，還有便利商店、速食店等，想吃什麼就吃什麼，造成營養偏差。而食品添加物的害處，更是導致年輕人礦物質缺乏的一大原因。

換言之，少吃外食或速食品，儘量吃親手做的料理，這樣才能夠多攝取到一些食品中的礦物質。過單身生活的學生、**OL**，或是單身在外工作的爸爸們更要注意，否則就會缺乏礦物質了。

（二）鋅含量豐富的食品

鈣質等含量豐富的食品就是小魚和牛奶，如果是鐵質，則一般人都會聯想到菠菜或肝臟。但是如果問您：「鋅含量較多的食品是什麼？」恐怕就很少有人能夠立刻想出答案吧！

鋅和鈣或鐵等不同，並不是大家所熟悉的必須礦物質，有些人甚至認為它是對人體有害的物質，所以當然也就不知道鋅含量較多的食品有哪些了。

但是前面提到過，鋅是人體必須的礦物質，是人體不可或缺的元素。而且鋅是即使大量攝取也不會產生害處的礦物質。而且只要多多攝取含有鋅的食品，就不會引起味覺障礙了。

鋅含量豐富的食品，首推貝類中的牡蠣（即蚵仔或生蠔）。牡蠣 100 公克當中含有 40～70 毫克的鋅，較大的只要吃一個，就能夠輕易滿足一天所需量的 15 毫克。在新鮮牡蠣上市的冬天，可以利用牡蠣料理來補充鋅。

此外，可以整條吃的小魚、抹茶、可可、芝麻、杏仁等種子類，還有海藻、糙米、蕎麥麵、麥麩，黃豆粉、蛋黃、肝臟、香菇等，這些食物中鋅的含量比較多。但是，也有不少人不喜歡吃牡蠣，因此，攝取普通飲食的話，一天只能夠攝取到 9 毫克，而最近女性的攝取內容只能攝取到 6 毫克。所以不要偏食，要在調理法上下工夫，只要積極的攝取這些食品，就可以避免鋅等礦物質的缺乏了。

（三）注意食物搭配的問題

食品添加物當中，有些物質會阻礙鋅的吸收。即使攝取了鋅含量豐富的食品，但是如果又大量攝取含有這些食品添加物的食物，則鋅就無法在體內被吸收了。

肌醇六磷酸是原本就存在於豆類和米糠中的天然物質，但是經由人工生產之後，以「品質改良」為目的，在醬油、味噌、納豆、醃漬菜、罐頭食品中，甚至麵包中都含有肌醇六磷酸。

肌醇六磷酸會導致鋅不容易被溶解，結果造成即使攝取含有鋅的食品，也無法被正常吸收的情況。

如果同時攝取牛奶或乳酪中含量豐富的鈣及食物纖物等食品時，鋅就更不容易被腸吸收了。因此大量含有這些成分的食品不要和含有鋅的食品同時攝取。想要高明的攝取鋅，就一定要注意到這些食物搭配的問題。

像嗜好品酒也會導致鋅的缺乏。分解酒的乙醇脫氫酶是鋅酵素。喝酒時，為了分解乙醇，會大量的消耗掉鋅。喜歡喝酒的人，容易出現缺乏鋅的狀態。為避免缺乏鋅，喝酒要適可而止。而且在喝酒的時候，最好以魚貝類等當成下酒菜，多吃含有大量鋅的食品。

（四）壓力會導致鋅的流失

壓力會使血液中的鋅濃度降低。

身體承受壓力時，會使得容易和金屬結合的蛋白質金屬巰基組氨酸三甲基內鹽增加。這個蛋白質在肝臟合成時需要鋅。感覺壓力時，在肝臟就會大量的合成這種蛋白質，這時鋅就會從血液中移動到肝臟。因此壓力愈強大，血液中的鋅濃度就愈為降低，結果就會導致鋅的缺乏。

文明進步，生活豐富，但相反的，我們每天都要承受強烈的壓力。**OA** 機器、電腦等 AI 人工智能、交通工具日益發達，雖然我們能夠得到便利，但是卻也承受以往人類所沒有經歷過的強大壓力。人際關係變得更為複雜，在職場、在學校，我們持續過著與壓力搏鬥的生活，這也是助長鋅缺乏的原因之一。

雖然有困難，但還是要儘量避免壓力，如此才能防止鋅的缺乏。不僅要注意飲食生活，在工作中取得休息的方法、如何打發休假日等，都要花點工夫。

（五）隨著老化，體內的鋅會減少

人類的老化與金屬元素有很密切的關係。

例如，老化最容易出現在眼睛晶狀體的部分，測定其金屬濃度，發現身體必須的鋅、鐵、銅、鎂等，會隨著年齡的增長而減少，而血液中的硒或鉻也是一樣。

相反的，隨著老化而會增加的元素則是鈷、鎳。

隨著年齡的增長，有些金屬元素會增加，有些會減少，這就證明老化和金屬元素之間具有很密切的關係。

即使是擁有健康、強壯肉體的人，一旦年紀大了也會衰老。在我們出生的瞬間，於體內就已經輸入這個程式了。事實上，能夠完成這個程式的系統，與各種金屬元素之間有很密切的關係。

那麼，如果能夠積極的將必要的金屬元素充分攝取到體內，是否就能遏止老化了呢？像鋅等這些隨著年齡的增長而會減少的礦物質，平常只要多加攝取，也許就能夠防止老化了。

美國著名的耳鼻喉科醫師、前芝加哥大學教授相波博士，主張人類過了 50 歲之後，就要積極的補充鋅。在我遇到他的時候，他雖然已經 86 歲，但是沒有戴眼鏡，也沒有拄著拐杖，看起來很有元氣。雖然我較晚才實施這個方法，但也從 60 歲就開始使用鋅輔助食品，如今不僅不易感冒，每天還可以診療許多患者。

（六）懷孕時特別需要大量的鋅

女性在懷孕時會消耗很多的鋅，因為鋅是胎兒發育不可或缺的元素。肚子裡的胎兒在成長過程中需要大量的鋅。

經由動物實驗顯示，如果缺乏鋅，則骨骼、神經系統、肺會出現畸形。以人類而言，懷孕時如果缺乏鋅，將會導致新生兒畸形或早產兒。正常生產的確需要鋅這種元素。

不光是肚子裡面的胎兒，母親因為胎兒需要大量的鋅，所以自己也容易導致鋅缺乏。前面敘述過，對於生物體而言，鋅乃是構成不可或缺的基礎酵素的重要成分之一，一旦缺乏，就會出現味覺障礙等各種障礙。

母乳中含有大量的鋅，嬰兒成長所需要的營養，全都要由母乳中攝取。所以成長顯著的嬰兒發育不可或缺的鋅，在母乳裡含量即很多。

尤其初乳一公升中含有 10.5 毫克的鋅，一週後則變成 4.6 毫克，一個月之後變成 2.7 毫克，三個月後變成 1.1 毫克，不斷的減少。因此，餵嬰兒初乳，對新生兒的免疫而言非常重要。

鋅的一天必要量，成人最好是 15 毫克，孕婦為 20 毫克，授乳婦最好為 25 毫克。日本女性通常一天只攝取 6 毫克的鋅，在懷孕時則需要三倍以上的量。懷孕時一定要篇取鋅，否則一定會缺乏鋅。

（七）兒童的腦部發育令人擔心

希望孩子的成績能夠提升，是為人父母一致的願望。小時候就讓他去上補習班或是請家教，或是讀明星學校。

我可以教這些父母一個促進孩子頭腦發育的祕訣。

首先，就是進行「思考和記憶」的訓練。思考就是讓他在人前說出長篇大道理來。為了讓別人理解自己的道理，一定要努力的思考。記憶則是面對需要記憶的事項時所需的能力。蓄積記憶的場所，是在間腦的丘腦下部隔壁顳葉的海馬組織。只要提高這個組織的機能，就能夠增強記憶力。

第二、就是要有足夠的睡眠。以腦的生理學來說，小學生、中學生最好睡十個小時以上。腦部作用所使用的物質，也就是神經傳遞質，包括活性肽、荷爾蒙等，是以葡萄糖、酵素為原料，在腦內製造、蓄積下來的。白天活動時，大量的消耗掉這些物質，腦漸漸的變得無法發揮作用。而在睡眠，頭腦不需要發揮作用時，可以把製造出來的部分再度蓄積下來。

第三、就是要補充足夠的營養。要使腦旺盛的發揮作用，就要使神經細胞正常的發揮作用。這時需要葡萄糖、維他命 B 群、鈣質以及鋅。掌管記憶的海馬需要大量的鋅，而腦內活動時使用必要物質時的酵素中，也需要有大量的鋅。

藉著米、麵包等澱粉或砂糖就能夠攝取到葡萄糖，但是鋅、鈣、維他命 B 群等，則會因食物的鮮度、加工的方式等而遭受損失。要滿足所需量，就一定要好好的吃三餐，不要依賴速食品或外食。做母親的尤其要在菜單上多下點工夫，以避免缺乏這些營養素。

不吃早餐就到學校去，晚餐則因為要上補習班而只吃速食品——這種生活方式無法使腦充分發育，結果也無法締造佳績。孩子的成績與母親親手做的飲食有關，這種說法一點也不誇張。

二、特別需要鋅的人

（一）減肥的人

我們的身體總是充斥著食物。現在是隨時可以吃到各種食物的時代，所以肥胖成為人類的一大煩惱。尤其對於體型非常敏感的女性，一旦發胖，則想穿的衣服就不能穿了，所以拼命的減肥，希望擁有苗條的身材。

肥胖也會成為各種成人病的溫床，例如高血壓、動脈硬化、腦梗塞、糖尿——這些疾病大多是因為肥胖所造成的。肥胖而導致腰痛等整形外科方面的障礙，這種例子並不少見，因此在歐美把肥胖視為是一種疾病。

身體發胖，是因為吃得過多，攝取了過剩的熱量而造成的。如果攝取的熱量比消耗的熱量更多，就會發胖。而即使攝取了大量的熱量，但只要藉著運動消耗掉這些熱量，那就不會發胖。

但是，要從食物中攝取熱量很容易，只不過要利用運動消耗掉熱量卻不是那麼簡單的事情。要想避免發胖，或是想要身材苗條，首先就要避免熱量攝取過剩。

雖然我們一直嚷著要減肥，可是如果限制熱量，卻可能會導致缺乏其他的營養素，尤其維他命類和礦物質更容易缺乏。結果肌膚就會變得乾燥，身體狀況變差，引起各種毛病。因為減肥的人容易缺乏鋅。平常的飲食生活本來就容易缺乏鋅，一減肥時更會造成缺乏的狀態。

礦物質居碳水化合物、脂肪、蛋白質、維他命之後，是五大營養素之一並不具有熱量，因此即使攝取鋅，也不會成為熱量源，不會成為發胖的原因。

在減肥時，為了避免缺乏鋅，要用低熱量、鋅含量豐富的魚貝類代替肉類。此外，在生菜沙拉中使用海藻類，也是一種方法。另外也可以利用鋅當作輔助食品。

（二）過單身生活的人

過單身生活的人，飲食內容容易有所偏差。

到國外旅行或是運動、遊玩，過著優閒的生活，看起來很優雅的單身貴族或 OL，飲食生活卻是相當的薄弱。早上喝一杯咖啡，中午到公司附近吃速食品或大碗的蓋飯，下班之後和同事去喝酒，回到家裡就吃泡麵——有很多過著單身生活的年輕人，將這種飲食生活視為是理所當然的生活。

外食機會較多時，即使再怎麼小心，營養方面還是很容易會造成偏差。因為攝取較多的飯類或麵類，而且是以碳水化合物為主，不知不覺中就會缺乏鋅，等到發現時，可能就已經感覺不出食物的美味了。

實際上，要自己每天做一人份的飲食也很麻煩。外食較多的人，最好以客飯代替漢堡或蓋飯。麵類方面最好選用炸牡蠣或烤魚、煮魚的套餐，再配上小碗的煮羊栖菜，如此較容易攝取到鋅。飯後的咖啡偶爾也可以用可可來代替，以增加鋅的攝取量。

單身在外工作的父親，或是遠離親人單獨過活的學生也是如此，平常就要下意識的多攝取富含鋅的飲食。

（三）經常喝酒的人

適量喝點酒對身體有好處，不過，你如果是酒國的長期支持者，並且常常喝酒過量的話，反而會造成肝臟無法應付這種龐大的（濾毒）工作量，因此，有 B、C 型肝炎的人建議不要喝酒，而平常人也應自我節制。

經常喝酒的人，為了分解進入體內的乙醇，要使用大量的鋅。與不喝酒的人相比，平常就要多攝取鋅。此外，缺乏鋅時，分解乙醇的酵素的功能遲鈍，酒精會殘留在體內，所以比較容易宿醉。

所以喝酒時也要注意下酒菜的問題。例如，可以選擇鋅含量比較豐富的腰果（cashew nut）、杏仁、沙丁魚乾等。

此外，腰果 30 公克（約二十粒）可以攝取到 3.0 毫克的鋅。杏仁則是 30 公克（約二十粒）可以攝取到 1.5 毫克的鋅。沙丁魚則是 100 公克（兩條）含有 1.5 毫克的鋅。

經常喝酒的人，飲食也不規律，因此更容易缺乏鋅，所以要多加注意。

三、巧妙的使用健康食品

（一）一顆就可以滿足一日所需量

微量金屬元素的鋅在體內無法自行合成，只能從食物中攝取。但是我說過，現在的飲食生活很難攝取到一天十五毫克的必要量，而且食品中所含的鋅的量本身就很少。如果平常不下意識多攝取含有鋅的食品，就很難攝取到必要量了。

這會造成嚴重的問題。因為缺乏鋅不僅會成為味覺障礙或各種成人病的原因，同時也會使男性的精子減少，女性很難正常懷孕分娩。如果國人再這樣的持續缺乏鋅，則年輕男女不能生育的時代就會提早到來，這是整個國家的危機。

不過，目前市面上已有很多鋅製劑，這種健康食品只要一顆，就含有成人一天所需的 15～16 毫克的鋅。（當然購買時，需要瞭解產品的性質與成分，不要一味聽信廣告的宣傳。）使用之後，可以治療缺乏鋅導致的味覺障礙等症狀。這種物質也可以當成補充慢性鋅缺乏的營養輔助食品來使用。

基本上要從飲食中攝取鋅，但是如果還是容易缺乏，則一天攝取一顆這種營養輔助食品，就可以防止鋅缺乏症。

使用這種輔助食品時，一定要和專門醫師商量。攝取必要量的鋅，因為吸收量是由腸控制的，所以應該不會有過剩症的問題。可是如果攝取過多，就不能保證不會出現任何的弊端了。例如，大量攝取鋅，可能會趕走組織中同屬礦物質類的銅，會暫時導致銅缺乏。

除了營養輔助食品之外，最近也有從牡蠣或是鮭魚魚精中提煉出鋅製成的健康食品。要事先確認一顆到底含有多少鋅，再服用正確的量即可。

從食物中攝取鋅，就不用擔心攝取過剩的問題。但如果是使用健康輔助食品（有信譽的廠商較可靠），則因為能夠輕易的攝取到鋅，所以要注意攝取過多的問題。雖然使用方便，可是在使用時一定要慎重其事。

第 7 章

能夠攝取到鋅的美味食譜 20 則

好好的攝取鋅	一日份的食譜	營養補習班負責人／管理營養師 井上八重子

最好從飲食中攝鋅取。一天要攝取十五 mg 的鋅，不需要用到特別的材料。身邊的食品中就含有鋅，下意識多攝取，就可以消除鋅不足的問題。首先為各位介紹一日份的食譜例。

〔早餐食譜〕

一、菠菜拌鱈魚子

菠菜和鋅含量較多的鱈魚子組合。菠菜的維他命 C 容易被熱或水破壞，因此泡在冷水中後要迅速撈起、冷卻。

▼材料（1 人份）

菠菜（小）1 束（200g）

生食用鱈魚子 60g

▼攝取營養量（1 人份）

鋅 970μg

熱量 30 卡

※蛋白質 5.4g

※維他命 C 33mg

▼作法

1 鱈魚子整包撕開、撥散。

2 菠菜用滾水略燙之後，撈起泡在冷水中，再立刻撈起，擠乾水分，切成 3 公分長段。

3 菠菜拌入鱈魚子即成。

※蛋白質和維他命 C 可以幫助鋅的吸收，兩者一併攝取更有效。

〔午餐食譜〕

二、奶油扇貝通心麵

扇貝、蕈類、甜玉米中含有大量的鋅。外食時選擇這些食品就能夠安心了

▼材料（4 人份）

扇貝水煮罐頭	160g	牛奶	1 杯
洋蔥（大的）	¼ 個	鹽	1 小撮
甜玉米	120g	胡椒	少許
香菇	80g	義大利麵	400g
金針菇	160g	奶油	2½ 大匙
沙拉油	2 大匙	巴馬乾酪	6½ 大匙
麵粉	1⅔ 大匙		

▼攝取營養量（1 人份）

鋅	4274μg
熱量	670 卡
蛋白質	31.1g
維他命 C	4mg

▼**作法**

1 洋蔥切成薄片。金針菇類去蒂，略洗之後撥散。香菇切片，扇貝剝開備用。

2 鍋中熱沙拉油，炒洋蔥。然後撒上麵粉略炒。

3 加入菇類、甜玉米、扇貝，放入牛奶煮熟即可。用鹽、胡椒調味。

4 大鍋中將水煮滾之後，放入 1 大匙鹽，煮義大利麵。

5 煮好之後，瀝乾水分，用奶油調拌。

6 盤中放入通心麵，淋上 (3)，撒上乳酪粉即可。

〔午餐食譜〕

三、花椰菜蘋果沙拉

只靠通心粉無法攝取到的維他命 A、B 群及 C，可以藉著花椰菜菜攝取到。蘋果中含有豐富的能夠降血壓的鉀。

▼**材料（4 人份）**

花椰菜	1 棵
蘋果	½ 個

沙拉油	2 大匙
醋	1⅓ 大匙
鹽	1 小撮
胡椒	少許

▼攝取營養量（1 人份）

鋅	563μg
熱量	102 卡
蛋白質	3.1g
維他命 C	81mg

▼作法

1 花椰菜分成小株，莖的部分剝皮切成短條狀。

2 花椰菜放入滾水中，燙軟之後撈起，去除水分。

3 醋、鹽、胡椒充分混合，加入沙拉油。然後再加入擦碎的蘋果泥。

4 用 (3) 拌花椰菜即成。

〔午餐食譜〕

四、辣味牛肉炒豌豆莢

牛肉、豌豆莢都含有豐富的鋅。豆瓣醬要放少一點，以免損傷舌的味蕾。

▼材料（4 人份）

薄片牛腿肉	320g	豆瓣醬	少許
醬油（醃料）	½ 大匙	沙拉油	2½ 大匙
酒（醃料）	1⅓ 大匙	酒	1⅓ 大匙
薑汁	1 小匙	醬油	1⅓ 大匙
太白粉	1 大匙	砂糖	1 小匙
豌豆莢	160g		
長蔥	½ 根		

▼攝取營養量（1 人份）

鋅	3893μg
熱量	228 卡
蛋白質	19.9g
維他命 C	25mg

▼作法

1 牛肉切成一口大小，加入醬油、酒、薑汁略醃。加入太白粉，充分揉捏。

2 豌豆莢去筋，略燙後擱置備用。

3 長蔥切碎。

4 炒菜鍋中加熱沙拉油，爆香蔥花，然後放入牛肉拌炒。

5 炒到牛肉變色後，加入酒，再加入醬油、砂糖、豆瓣醬調味。

6 加入豌豆莢，略炒後即可盛盤上桌。

〔晚餐食譜〕

五、茼蒿拌蟹

茼蒿含有胡蘿蔔素、維他命 B、C 及鐵，是營養豐富的蔬菜。加上蟹和松子，更能增加鋅的量。

▼材料（4 人份）

茼蒿	200g
蟹	120g

松子	40g
醬油	2 小匙
醋	1⅓ 大匙

▼攝取營養量（1 人份）

鋅	723μg
熱量	101 卡
蛋白質	7.9g
維他命 C	11mg

▼作法

1 茼蒿用滾水燙過，切成易吃的大小。

2 蟹肉撥散。

3 松子切碎。

4 大碗中放入醬油、醋混合，加入 (1)～(3) 涼拌即成。

〔晚餐食譜〕

六、竹筍海帶芽湯

低熱量的湯。海帶芽等海藻類等含有豐富的鋅，但是竹筍的食物纖維較多，所以不能攝取太多。

▼材料（4 人份）

竹筍	40g
芝麻	1⅓ 大匙
海帶芽（浸泡還原）	40g
湯塊	1 個
酒	4 小匙
鹽	½小匙
胡椒	少許
蘘荷	1 個

▼攝取營養量（1 人份）

鋅	573μg
熱量	35 卡
蛋白質	1.9g
維他命 C	2mg

▼作法

1 竹筍煮軟，切成薄片。

2 海帶芽切成一口大小。

3 蘘荷切成薄片。

4 鍋中放入 600g 的水煮滾，加入雞湯塊、酒，煮滾後，加入海帶芽，用鹽、胡椒調味。

5 在碗中放入蘘荷和芝麻。

輕鬆的 攝取鋅	美味的食譜

較常外食的人，有些人很難吸收到鋅。一天至少要有一餐攝取鋅。

〔配菜食譜〕

七、鱈魚子馬鈴薯沙拉

鱈魚子和馬鈴薯是味道和營養的相合性極佳的食品。不論做成西餐或日式料理皆可使用，是非常方便的材料。

▼材料（4 人份）

馬鈴薯	3 個（280g）
生食用鱈魚子	60g
美乃滋	4 大匙
胡椒	少許
生菜	4 片

▼攝取營養量（1 人份）

鋅	792μg
熱量	170 卡
蛋白質	5.5g
維他命 C	17mg

▼作法

1 馬鈴薯放在塑膠袋中，用微波爐加熱 3～4 分鐘。

2 軟了之後，趁熱去皮搗碎。

3 鱈魚子撥散。

4 將馬鈴薯、鱈魚子、美乃滋充分混合，用胡椒調味。

5 盤中鋪上生菜，拌上 (4) 即成。

〔配菜食譜〕

八、豆腐拌芝麻醋

低熱量、可口、深受女性歡迎的豆腐，含有良質蛋白質和鋅，是一道非常優秀的料理。

▼材料（4 人份）

傳統豆腐	1 塊
A（芝麻、醋、醬汁）	
芝麻粉	2⅔ 大匙
砂糖	1 大匙
醬油	⅓ 大匙
檸檬汁	2 大匙

▼攝取營養量（1 人份）

鋅	506μg
熱量	126 卡
蛋白質	7.0g
維他命 C	3mg

▼作法

1 豆腐用紗布包著、用砧板夾住，擠出水分。

2 將 (1) 切成骰子狀。

3 將 (A) 的調味料全部充分混合，做成芝麻醋醬汁。

4 在 (3) 中放入 (2) 的豆腐涼拌。

5 盛入器皿中，撒上少許的芝麻粉即可。

〔配菜食譜〕

九、花椰菜淋蟹肉

蟹肉的鋅含量豐富。為避免破壞花椰菜中的維他命 C，花椰菜不可以煮太久。

▼材料（4 人份）

花椰菜	200g
蟹	120g
A（高湯）	
湯塊	1 個
水	½ 杯

酒	1⅓ 大匙
薑汁	少許
太白粉	1⅓ 大匙

▼攝取營養量（1 人份）

鋅	1960μg
熱量	50 卡
蛋白質	6.8g
維他命 C	80mg

▼作法

1 花椰菜分為小株，煮過。

2 蟹肉撥散。

3 開火煮 (A)，做成湯。加入酒、蟹肉、薑汁。

4 煮滾之後倒入太白粉水勾芡。

5 器皿中放入花椰菜，淋上 (3) 的蟹肉。

〔配菜食譜〕

十、煮菜豆

豆類中鋅含量豐富的菜豆，可以多做一點隨時放在餐桌上。想要多添一道菜的時候，非常方便。

▼材料（4 人份）

菜豆	120g
砂糖	80g
鹽	少許

▼攝取營養量（1 人份）

鋅	750μg
熱量	177 卡
蛋白質	6.0g
維他命 C	0mg

▼作法

1　菜豆用水浸泡一晚。

2　鍋中放入菜豆，用小火煮軟。

3　菜豆軟了之後，將砂糖分兩次放入再煮。

4　加入鹽調味。

〔主菜食譜〕

十一、牡蠣炒蕈類

牡蠣與其他食品相比，是鋅含量最多的食品。使用冷凍牡蠣，就一整年都可以吃到牡蠣。

▼材料（4 人份）

牡蠣	320g	玉蕈	80g
酒	2 小匙	長蔥	½ 根
太白粉	1 小匙	芝麻油	2 大匙
黑木耳	4g	淡色鹹味噌	2 大匙
乾香菇	4 朵	高湯	50g
多瓣奇果蕈	80g	辣椒粉	少許
金針菇	80g		

▼攝取營養量（1 人份）

鋅	32611μg
熱量	162 卡
蛋白質	11.2g
維他命 C	5mg

▼作法

1 長蔥切碎。

2 牡蠣用鹽水洗淨，去除水氣，加入酒，撒上太白粉。

3 黑木耳、乾香菇用水浸泡還原，切成易吃的大小。多瓣奇果蕈、金針菇、玉蕈去蒂，撥散切成易吃的大小。

4 鹹味噌用高湯調勻。

5 加熱炒菜鍋，倒入芝麻油，炒長蔥，爆香之後，加入牡蠣再炒。

6 再加入 (3) 的蕈類拌炒，用 (4) 調味。

7 盛盤。可依個人喜好撒上辣椒粉即可。

〔主菜食譜〕

十二、牛肉煮加州梅

牛肉在肉類當中鋅的含量特別多。利用加州梅、蒜可增添風味，更加好吃。

▼材料（4 人份）

薄片牛腿肉	320g	蘑菇	80g
麵粉	12g	洋蔥	¼ 個

鹽	少許	蒜	1 塊
胡椒	少許	細香蔥	少許
沙拉油	1⅓ 大匙	花椰菜	160g
紅葡萄酒	1⅓ 大匙	A（湯）	
加州梅	16 個	水	2 杯
		湯塊	1 個

▼攝取營養量（1 人份）

鋅	4248μg
熱量	266 卡
蛋白質	23.8g
維他命 C	70mg

▼作法

1 洋蔥、蒜切碎。蘑菇切成薄片。細香蔥切成小段。花椰菜分成小株，燙軟備用。

2 牛肉撒上麵粉和少許鹽。

3 煎鍋中倒入半量沙拉油，煎 (2) 的牛肉，煎成金黃色後取出。

4 加入剩下的沙拉油，炒洋蔥、蒜。

5 加入 (A) 的湯，再放入蘑菇、加州梅，煮 15 分鐘。

6 倒入牛肉一起煮。

7 盛盤，上面撒上細香蔥。而後添上花椰菜即成。

〔主菜食譜〕

十三、炸豬肝

豬肝除了含有鋅以外，同時也含有維他命 A、B2、E 等營養素。添上小青椒、檸檬，色彩更加艷麗，同時還能攝取到維他命 C。

▼材料（4 人份）

A（醃料）		炸油	適量
醬油	1⅓ 大匙	小青椒	12 根
薑汁	1⅓ 大匙	檸檬	⅔ 個
酒	1⅓ 大匙		
太白粉	1⅓ 大匙		
豬肝	320g		
牛奶	2 杯		

白芝麻	40g		

▼攝取營養量（1 人份）

鋅	6321 μg
熱量	219 卡
蛋白質	19g
維他命 C	27mg

▼作法

1 豬肉切成薄片，泡在牛奶中 10 分鐘，去除血腥味。

2 檸檬切成梳形。

3 (A) 全部混合，做成醃料，醃豬肝。

4 豬肝上撒上白芝麻。

5 炸油加熱到 160 度 C，炸豬肝。

6 小青椒用竹籤刺幾個洞，放入油中略炸。

7 盤中放入 (5)、(6)，添上檸檬即成。

〔主菜食譜〕

十四、鮭魚烤玉米

簡便的鮭魚塊是鋅含量豐富的魚。加入玉米、乳酪，更能夠攝取到大量的鋅。

▼材料（4 人份）

鮭魚	4 塊（320g）	麵包粉	1 大匙
鹽	1 小撮	奶油	少許
胡椒	少許	乳酪粉	40g
洋蔥	½ 個		
白葡萄酒	1½ 大匙		
奶油玉米	200g		
牛奶	1½ 大匙		

▼攝取營養量（1 人份）

鋅	1790μg
熱量	246 卡
蛋白質	22.4g
維他命 C	5mg

▼**作法**

1 鮭魚去皮，切成一口大小，撒上鹽、胡椒，擱置 10 分鐘左右。

2 洋蔥切絲。

3 煎鍋中放入洋蔥、鮭魚，撒上白葡萄酒，燜煮一下。

4 奶油玉米中放入牛奶、麵包粉，充分混合。

5 烤盤中塗抹奶油，放入鮭魚，從上面淋上 (4)。

6 上面再鋪上乳酪粉，放入加熱到 220 度 C 的烤箱中烤 5 分鐘左右。

7 烤到略帶焦色即成。

〔主菜食譜〕

十五、扇貝飯

扇貝是僅次於牡蠣、蠑螺等，鋅含量較多的貝類。和海帶一起煮成飯，可以攝取到大量的鋅。

▼**材料（4 人份）**

米	2 杯	熟芝麻	少許
扇貝	4 個（240g）	柚子	少許

海帶	52cm		
水	260g		
酒	1⅓ 大匙		
醬油	1⅓ 大匙		
薑汁	1 小匙		

▼攝取營養量（1 人份）

鋅	1577μg
熱量	309 卡
蛋白質	14g
維他命 C	2mg

▼作法

1 扇貝厚度切成兩半，切成 4 等分。蓋子切成 2 公分長。

2 將 (1) 淋上酒、醬油、薑汁。

3 海帶用水浸泡還原，軟了之後取出。水不要倒掉，擱置待用。

4 取出的海帶切絲。

5 淘好的米浸泡在原先浸泡海帶的水中 30 分鐘。

6 電子鍋裡放入切絲的海帶、(1) 的扇貝、(5) 的米和水一起煮。

7 煮好之後燜 10 分鐘，攪拌一下，盛入飯碗當中，撒上熟芝麻，最後用切絲的柚子裝飾即成。

〔主菜食譜〕

十六、烤牛肉三明治

牛肉中含有很多的鋅。想要簡便攝取時，使用烤牛肉或鹹牛肉罐頭等加工製品也可以。

▼材料（4 人份）

三明治用土司麵包	16 片
奶油	60g
牛腿肉	400g
沙拉油	1 大匙
A（調味醬）	
酒	1 杯
醬油	1 杯
英國辣醬油	1 杯

肉桂	1 片
黑胡椒粒	少許
生菜	8 片
芥末	少許

▼攝取營養量（1 人份）

鋅	5561μg
熱量	586 卡
蛋白質	33.7g
維他命 C	5mg

▼作法

1 整塊牛腿肉用放入熱沙拉油的煎鍋略煎成焦黑色。

2 鍋中放入滾水，(1) 的肉用叉子叉幾個洞，放入鍋中，去除油分。

3 另一個中放入 (A) 的所有調味料煮滾，再將 (2) 的肉放入煮 15 分鐘後取出。

4 煮汁冷卻之後，將肉倒回。直接放入冰箱裡，擱置 5～6 小時，使入味。

5 取出做好的牛肉，切成薄片，淋上鍋中剩餘的醬汁。

6 土司麵包略烤，塗上少許奶油，再鋪上生菜和烤牛肉，夾在一起。切成易吃的大小，盛盤。可依個人喜好添點芥末。

高明攝取鋅的方法	下酒菜

適度飲酒，能夠促進鋅的吸收，但是在分解酒精時需要大量的鋅，因此要準備鋅含量豐富的下酒菜。

〔下酒菜食譜〕

十七、醋拌章魚大豆

章魚的鋅含量雖多，但問題在於很難消化。這時白蘿蔔能有所幫助。葉子的部分含有豐富的維他命 C，不要丟掉。

▼材料（4 人份）

章魚	120g
大豆	60g

白蘿蔔	160g
A（綜合調味料）	
醋	1⅓ 大匙
醬油	2 小匙
芝麻油	1½ 小匙
白蘿蔔葉	20g
鹽	少許

▼攝取營養量（1 人份）

鋅	1204μg
熱量	141 卡
蛋白質	12.4g
維他命 C	10mg

▼作法

1 大豆用水浸泡一晚。

2 將 (1) 的大豆煮軟。

3 章魚煮過，切成薄片。

4 白蘿蔔擦碎成泥狀。

5 大豆、章魚、白蘿蔔泥充分混合，加入 (A) 的調味料調味。

6 將白蘿蔔葉切碎，撒上少許鹽，擠乾水分。

7 (5) 盛盤，將 (6) 淋在上面即成。

〔下酒菜食譜〕

十八、柳川氏鰻魚豆腐

食用含有豐富維他命 A 及 E 的鰻魚，也可以攝取到大量的鋅。在喝美味酒的時候，搭配這種下酒菜也不錯，但不可以喝得太多。

▼材料（4 人份）

蒲燒鰻	2 串（240g）
傳統豆腐	⅔ 塊
胡蘿蔔	½ 根
牛蒡	1 根
長蔥	1 根
高湯	2 杯
酒	3 大匙（40g）

味醂	1⅓ 大匙
醬油	1⅓ 大匙
辣椒粉	少許

▼攝取營養量（1 人份）

鋅	2222μg
熱量	300 卡
蛋白質	18.9g
維他命 C	6mg

▼作法

1 胡蘿蔔、牛蒡斜切成細絲，泡在水中去除澀液。

2 長蔥斜切成薄片。

3 鰻魚切成 2～3 公分寬。

4 豆腐去除水分，切成 5 毫米厚的正方形。

5 鍋中加入高湯、酒、味醂、醬油、(1) 與 (2) 的蔬菜，開火煮。

6 煮滾之後，加入鰻魚和豆腐略煮。

7 入味之後關火，盛盤。也可依個人喜好撒上辣椒粉。

攝取更多的鋅	大家都喜歡的健康點心

提到健康點心，通常會想到的是少放一些糖或脂肪的食物，而本書則建議各位要加上鋅。

〔點心食譜〕

十九、黃豆粉丸子

吃黃豆粉能夠攝取到鋅。為了補充維他命 C，一定要搭配綠茶食用。

▼材料（4 人份）

糯米粉	120g
黃豆粉	60g
黑砂糖	80g
水	適量

▼攝取營養量（1 人份）

鋅	605μg
熱量	247 卡
蛋白質	7.7g
維他命 C	0mg

▼作法

1 糯米粉和黃豆粉充分混合，將 120～150g 的水慢慢的加入，揉捏成如耳垂般的硬度。捏成一口大的圓形，正中央做成陷凹狀。

2 將 (1) 煮過，放在冷水中冷卻，撈起，放在簍子裡瀝乾水分。

3 鍋中放入黑砂糖和 ½ 杯的水，開火煮到變濃稠為止。

4 碗中放入糯米丸子，淋上 (3) 的黑蜜即成。

〔點心食譜〕

二十、抹茶慕斯

最近由於知道綠茶中含有營養素，因此大家開始重新評估抹茶的價值。也含有豐富的鋅。

▼材料（4 人份）

抹茶	3 大匙（160g）	金箔	（無亦可）少許
牛奶	1½ 杯（320g）		
蛋白	2 個份		
砂糖	5½ 大匙		
明膠	12g		
水	4 大匙		

▼攝取營養量（1 人份）

鋅	526µg
熱量	108 卡
蛋白質	7.1g
維他命 C	2mg

▼作法

1 明膠用水打濕。

2 用少量滾水調溶抹茶，加入牛奶、明膠，開火加熱，融化明膠。

3 (2) 離火之後，整鍋放入加了冰水的大碗中，攪拌混合到濃稠為止，擱置一邊使冷卻。

4 蛋白打起泡，加入砂糖，再儘量打硬一點。

5 (3) 中慢慢加入 (4)，充分混合。避免泡沫太多。

6 將材料倒入器皿當中，放在冰箱裡冰 30 分鐘，使其冷卻凝固。

7 如果有金箔，可以放在上面作為裝飾。

終章

現在開始，為時未晚！

如果一直持續缺乏鋅的狀態，會引起動脈硬化、白內障、糖尿病等各種成人病，而最近發現它也與癌症有關。

在〔第 **4** 章〕已敘述過，缺乏鋅容易得癌症。

一旦罹患這些疾病時，可能為時已晚。如果現在您的身體出現缺乏鋅的狀態，就要趕快補充鋅。

我們除了忽略了鋅的重要性之外，也沒有注意到因為缺乏鋅而出現的各種初期症狀。

例如，鋅與身體的熱量源糖的代謝有著密切的關係。一旦缺乏鋅，自然就缺乏元氣，容易疲勞。但是即使產生疲勞感，還是有人沒有察覺到是因為缺乏鋅而造成的。此外，當體內產生的二氧化碳由血液釋放到肺中時，鋅具有重要的作用。一旦缺乏鋅時，氧和二氧化碳的氣體交換無法順暢的進行，因此會引起貧血。您可能會擔心是缺乏鐵，懷疑可能是缺乏鋅所致。

結果忽略了缺乏鋅的狀態，等到發現時，往往缺乏症已經相當嚴重了。

一、缺乏鋅的自行檢查方法

缺乏鋅容易引起的症狀有很多，當然也可能是因為缺乏其他的營養素而引起的。缺乏知名度比較低的鋅時，很少人會注意到。但是它卻是會導致各種成人病發生的原因。除了注意到缺乏維他命、鐵、鈣質的問題之外，現代人也應該注意到容易缺乏鋅的問題。

在此為各位介紹自己能夠簡單診斷鋅缺乏症的方法。以下列舉出檢查項目，可以檢查自己到底符合其中的幾項。

【男女共通的檢查項目】

1・疲勞

2・斷髮、掉髮較多

3・頭髮生長較慢

4・視力減退

5・到微暗處時看不清楚

6・覺得食物的味道太淡
7・口中沒有任何東西卻有怪怪的味道
8・血壓升高
9・容易貧血
10・感覺噁心
11・沒有食慾
12・容易下痢
13・容易健忘
14・頭皮屑較多
15・手掌和腳底發黑
16・皮膚容易乾燥
17・容易有口內炎
18・舌好像燙傷似的刺痛
19・唾液分泌不順暢
20・容易感冒
21・傷口痊癒要花較長的時間
22・指甲變形
23・指甲生長較慢
24・手腳冰冷

【女性的檢查項目】

25・生理不順

26・生理期之前會有焦躁、頭痛等毛病

【男性的檢查項目】

27・最近突然精力衰退

如果有符合的項目，就表示您缺乏鋅了。當然，這些症狀也有可能是因為其他的疾病、營養不足或壓力造成的，但是也要懷疑是否是缺乏鋅。

符合 5 項以上的人，一定要去看專門醫師，檢查是否缺乏鋅。尤其是覺得食物的味道較淡、指甲 現異常或皮膚乾燥時，就必須要懷疑可能是缺乏鋅了。

二、請專門醫師在早期加以治療

缺乏鋅會出現各種症狀，其中特有的症狀就是在〔第 **2** 章〕所介紹的味覺障礙。缺乏鋅，在較早期就會出現這種症狀。因此察覺到味覺障礙，就可以早期發現到鋅缺乏症。

但是味覺障礙和視覺、聽覺等其他感覺不同，有時會沒有注意到，容易忽略。對味道的感覺如何，與個人的長年飲食生活有關。同樣吃了鹹的食物，有的人覺得很鹹，有的人卻若無其事，因此有的人無法感覺到味覺異常。尤其是過單身生活的人，因為無法和他人比較，所以不容易察覺。

因此，和家人或朋友一起吃飯時，如果感覺較淡，就要趕緊說出來。如果和其他人感覺味道的方式不同，就表示自己的味覺遲鈍了。

三、味覺障礙的進行

藉著味覺障礙的診斷，就可以知道自己是否缺乏鋅。味覺障礙的診斷，包括電氣味覺檢查法和濾紙檢查法等。前者是使用電氣味覺器具來判斷味覺障礙程度。後者則是利用甜味、鹹味、苦味、酸味四種味道的試劑做成五階段的濃度，各自的味質溶液從較低的濃度開始滲入濾紙當中，放在舌上。

調查對各種味覺濃度有無反應。藉著對於從低濃度的「1」到高濃度的「5」的味覺試劑的哪個味覺濃度產生反應，就可以判斷症狀已經進行到何種程度了。

・濃度 1（超低濃度）

這個階段感覺到味道，即表示對味道非常敏感。

・濃度 2～3（低濃度）

具有正常味覺的人。

・濃度 4（中濃度）

味覺稍微遲鈍的人，可能缺乏鋅。

・濃度 5（高濃度）

在這個階段才產生反應的人，雖然有味覺，但卻是屬於相當嚴重的味覺障礙。同時也一定缺乏鋅。

此外，如果在這個階段還是沒有反應，就表示是處於高度喪失味覺的狀態，有可能是慢性缺乏鋅。

在以前，到濃度 **5** 才產生反應的患者幾乎都是老年人，而現在卻有不少年輕人發生這種情況。

也就是說，由於飲食性導致缺乏鋅的狀態，造成味覺障礙的年輕人已有急遽增加的情形。

四、缺乏鋅以外的原因

缺乏鋅時，舌部感覺味道的細胞聚集的舌的味蕾被破壞，引起味覺障礙。因此診斷味覺障礙時，就可以發覺是否是缺乏鋅的問題了。

但是必須注意到的是，除了缺乏鋅之外，也可能是因為其他的原因而出現味覺異常的現象。

例如，過度攝取香辛料。年輕人愛吃辣的食物或一些刺激性的料理，從氣候風土或飲食習慣等來看，也許這些味道太強烈了。過度的味覺刺激會破壞味蕾細胞，引起味覺障礙。為避免味覺衰退，最好避免吃刺激性太辣的食品。不僅是辣的食品，太燙、太冰的食品或酒精較強的飲料等，都是損傷味蕾的原因。

此外，長期服用藥物也是造成味覺受損的原因。長期服用降壓劑或糖尿病、痛風等的治療藥，會阻礙鋅的吸收，引起味覺障礙。

這時要和醫師商量，找尋無副作用的藥物。治療味覺障礙，依原因的不同，方法也不同。

五、不要盲目追求流行，要有正確的了解

隨著經濟急速的成長，我們能夠過著舒適的生活。但是另一方面，大氣污染、水質污染等環境問題，現在則成為嚴重的問題，損害人體的健康。今後將迎向高齡者社會，成人病的急增也是一大社會問題。

所以眾人對於健康的關心度提高了。健康食品相當的普及，甚至男女老幼都會到健身房去讓自己流點汗，而一些標榜健康的商品也陸續上市。現在的健康旋風，象徵著現代人的健康意識高漲。

關於健康的資訊，充斥於街頭巷尾。大家都知道要維護健康的身體，就一定要攝取充分的維他命和礦物質。在報章雜誌和電視上也會爭相報導關於健康的資訊。

但是，為什麼長久以來都沒有人發現「鋅」的作用呢？原因之一，就是包括專家在內都認為，只要攝取普通的飲食，就不會缺乏鋅。此外，對於鋅這個名稱，大多數的人其實都有所誤解。

本書已經敘述過，鋅在人體內具有很多重要的作用，也是和動脈硬化、腦中風、糖尿病、癌症等成人病有密切關係的微

量元素，而且在我們現在的飲食生活中，它也是最容易缺乏的礦物質之一。

很多人擔心攝取了太多的鋅會引起中毒的現象。但是鋅是不容易引起過剩症的礦物質，只要從食物中攝取，就不必擔心攝取過剩的問題。現代人反而應該擔心平常攝取的鋅會不會不夠的問題呢！

因為缺乏鋅而味覺障礙的人增加，希望本書能讓眾人對於鋅擁有正確的認識，同時也能夠幫助更多的人維持健康。

〈全書終〉

國家圖書館出版品預行編目資料

鋅不可思議の力量／健康研究中心主編
初版，新北市，新視野 New Vision，2023.03
面：　公分
ISBN：978-626-97013-4-6（平裝）
1. CST：鋅　2. CST：營養

399.24　　111022279

鋅不可思議の力量

健康研究中心主編

發 行 人　林郁
出　　版　新視野 New Vision
製　　作　新潮社文化事業有限公司
電話：02-8666-5711
傳真：02-8666-5833
E-mail：service@xcsbook.com.tw

印前作業　東豪印刷事業有限公司
印刷作業　福霖印刷有限公司

總 經 銷　聯合發行股份有限公司
新北市新店區寶橋路 235 巷 6 弄 6 號 2F
電話 02-2917-8022
傳真 02-2915-6275

初版一刷　2023 年 3 月